金商道

The positive thinker sees the invisible, feels the intangible, and achieves the impossible.

惟正向思考者，能察於未見，感於無形，達於人所不能。 —— 佚名

一本書速學最關鍵．最精要．最高效管理思維與應用

MBA

50 Ideas that Changed
the World of Work

必讀50本
管理經典

Jeremy Kourdi
傑瑞米．寇迪

— 作者 —

Jonathan Besser
喬納森．貝瑟

鐘玉玨

— 譯者 —

感謝過去與現在的卓越思想家，他們大膽、深刻的觀點持續支持並啟發我們所有人。也感謝實踐這些想法的讀者——塑造並改善我們的工作和工作方式。

目次

第3部　塑造組織的力量：策略與營運

第4部　追求成長：創新、產品、顧客與市場

第5部　為何人們願意追隨你？領導力與團隊合作

｜推薦序｜

企業經營管理的思維與作為

國立成功大學企管系教授兼系主任 / **周信輝**

世界轉動的速度又加快了！近年來的數位轉型、淨零碳排、永續發展、地緣政治與人工智慧等浪潮，一波接著一波襲捲而來，不僅改變了今日的商業樣貌、模糊化產業與公司的界線，同時衝擊著各類型組織與不同個體的競爭優勢與持續性的發展。其中，有些企業再次邁向營運的高峰，如同微軟、輝達，但也有些像柯達、諾基亞曾經偉大的公司卻殞落了。面對詭譎多變的情勢，企業需要有一套思維架構，讓管理者能夠保有積極、成長的心態，適當地做出決策，採取及時且有效的行動，進而能夠適應於這持續變動中的環境，達成企業的發展目標；而**這本好書《MBA必讀50本管理經典》正可提供此架構內所需的重要知識觀點，這是我推薦的重要考量！**

本書的兩位作者有企業輔導與顧問諮詢的豐富經驗，亦有深厚的管理專業知識，據此有系統的整合了經營管理領域的50大重要觀點。這其中有不少觀點是我在成大EMBA核心課程「策略管理」必定講授的，包含成長型思維、競爭策略、藍海策略與商業模式圖等。此書的出版正好呼應我多年來與EMBA高階管理者與企業主在課堂上互動的心得：**學習管理理論是在修練自身的知識架構，簡言之就是「思維」，而思維則會影響或引導組織的「作為」，這往往決定了該組織的績效表現**。實務管理者可以善用理論的觀點，來檢視或拆解組織所處的環境或者自身營運脈絡中所遭遇的挑戰，從中找到問題的癥結並發展因應之道。以本書第三部中所提到的「五力分析」來說，不少學員初次接觸此概念時，會覺得這架構所指出的五種作用力（或影響力），就僅是策略大師麥可．波特的理論而已，而忽略了其實管理理論與實務發展之間有密切的關連性，甚至彼此會相互形塑。至少，**理論可以讓管理者去理解或拆解周遭的管理實務現象**，就如透過五力分析的觀點，管理者可以用它去拆解特定公司在其所屬產業中的獲利情況，到底有哪些作用力會阻礙企業獲利，所以這五個作用力亦可視為企業發展的「阻力」，理解本質之後，自然可發展相對應的對策。若讀者能夠體會「管理思維引領企業作為」，我相信這本書將會提升其企業經營管理能力。

本書有系統性的架構，共分為六部。第一部是人的心理與績效；企業管理的「企」字，代表的是管理工作是「止於人」，也就是以人為本，管理者需關注所有員工的心理層面議題。然而，實務上的管理往往處在時間的流變之中，具備未來的思維，能夠掌握發展的機遇，同時克服變革中所帶來的挑戰，影響著企業永續的發展，這是第二部所要闡述的觀念。當企業有清楚的發展方向，就需透過組織力量的形塑，以創新及產品來滿足市場中不同的需求，為企業持續開創成長力道；而這也是本書第三部、第四部所提供的重要核心概念。最後，組織良好的運作有賴團隊合作與領導力，才能讓組織在對的軌道上持續前進，在此過程之中，企業也需要藉由外部利害關係人的連結與互動，透過借力使力、打群架的共創方式，不僅讓企業既有競爭力也有成長力，同時發揮企業在社會中的影響力。我提供上述本書的架構邏輯，希望能讓讀者更能精準掌握這本好書的精華。

｜推薦序｜

工作的樣貌，從來不是理所當然的

《看得見的高效思考》作者、鉑澈行銷策略長／劉奕酉

我們習以為常的工作樣貌，從來不是理所當然的。

打卡制度、績效評估、主管一對多的管理結構、團隊會議的開展方式，甚至連「週休二日」的制度，其實都是某個時代、某個社會脈絡底下的產物。當這些制度、術語與工具在今日職場中廣泛流通時，我們往往以為它們是唯一正確的解法，卻忽略了它們其實是經過選擇、修正，甚至折衝與妥協之後的結果。

這也是為什麼我特別欣賞《MBA必讀50本管理經典》這本書。

它不是一本單一主題的管理書，而是一張跨越百年、橫貫多領域的工作觀念地圖。我認為它幫助我們重新看見：**工作的世界是被一個個觀念所塑造的**。

而我們如何理解這些觀念，也會反過來形塑我們對工作的想像與選擇。

書中從泰勒的科學管理、彼得·杜拉克的知識工作者，一路談到現代的敏捷、心流、心理安全感與遠距工作等。每一個觀念都是一段歷史的縮影，也是一個對工作的提問。

作為是長年在企業進行商業顧問與培訓的實務工作者，我特別感受到：**很多組織在導入新觀念時，並非缺乏工具，而是忽略了觀念背後的脈絡**。比方說有企業說自己在做敏捷轉型，但其實只是把會議節奏變成「每日站立會議」的形式，卻沒有真正導入「快速學習與回饋」的機制；不少組織開始重

視心理安全感，但管理者仍把「開放討論」與「避免衝突」畫上等號，結果反而壓抑了真實的聲音。

這些觀念在組織中的誤用，往往不是因為不懂技術，而是缺乏對觀念的歷史與本質的理解。而本書的價值，就在於讓我們**跳脫管理術語的表面包裝，回到每個觀念誕生的初衷**，理解它解決的是什麼問題；為什麼當時需要這樣的解法；而今日是否還適用或需要調整？

我會將本書視為「思維資本」的養成手冊。在快速變動的工作世界中，光靠模仿別人的成功方法已經不夠了，我們需要能看懂變化背後的結構與邏輯。

而這些「第一性原則」往往就藏在歷史的深處，也隱含在觀念的演進中。

對管理者來說，這是**幫助你看清制度選擇的指南**；對團隊經營者而言，這是**讓你設計適切合作流程的靈感庫**；而對每一位想要主動設計自己職涯發展的工作者來說，這是一本**讓你思考什麼才是真正適合自己工作方式的探索起點**。

我們無法完全預測未來工作的樣貌，但可以透過本書更有脈絡的理解：**過去的工作是如何成形，現在如何應對、未來如何選擇？**

這不只是「管理觀念」選集，更是一面鏡子得以照見我們如何看待工作，也反映我們將成為什麼模樣的工作者與創造者。你不一定要從頭到尾讀完本書，也許只需要從中找到你此刻最需要面對與思考的那幾個觀念。

更多的不只是為了了解工作，而是為了重新理解自己，在工作裡想實現的價值與選擇。

緒論

邁入二十一世紀的第三個十年之際，企業與組織確實面臨一波又一波、前所未見的挑戰：大流行病、衝突、技術變革、政治和經濟動盪等。但我們不妨花點心思留意金剛組（Kongō Gumi）這家日本老字號建築公司，其歷史可追溯至西元五七八年，即它可是經歷了超過一千四百多年的變遷和動盪卻仍屹立不搖。在西方，許多跨國企業的歷史超過百年，包括IBM、默克製藥（Merck）、可口可樂（Coca-Cola）、家樂氏（Kellogg）、卡夫食品公司（Kraft）[1]、哈雷重機（Harley-Davidson）和勞斯萊斯汽車（Rolls-Royce）等。這些企業憑著經驗和韌性成功延續至今，它們不僅影響今日職場的思維、模式和實踐方式（也反過來被這些因素影響），這些因素（思維、模式和實踐方式）也反過來成為我們今天職場行為的基礎，決定我們的工作內容（what）、方式（how）和目的（why）。

儘管對我們而言，今天面臨的挑戰可能看似前所未見，但企業界或許覺得這些挑戰並不陌生。這就是為什麼本書選擇回顧過去，研究五十個改變工作領域的概念與想法。這些觀點和倡議都是為了解決某時某刻的問題，經時間淬鍊與驗證，非常有效且可行，因此沿用至今；只不過有些人沿用原始的版本，有些人使用迭代的版本。

這些想法歷史悠久。佛雷德里克．溫斯羅．泰勒（Frederick Winslow Taylor）一九一一年出版了劃時代的重要著作《科學管理原則》（*The Principles of Scientific Management*），對亨利．福特（Henry Ford）、彼得．杜拉克（Peter Drucker）等人都產生極大的影響力，而這些人本身也都是極具

1 編按：2015年3月25日，美國亨氏食品公司（Heinz）和卡夫食品（Kraft）合併，成為北美第三大食品及飲料公司，後稱為卡夫亨氏食品公司（Kraft Heinz）。

影響力的思想巨擘。因此，我們不妨把泰勒的四個管理原則視為進一步分析的起點與基礎，想必非常有趣。

一、在分配或安排工作時，應先研究工作，以事實為基礎的科學方式取代粗略的估算、推測或直覺。

二、企業應積極而用心地挑選、訓練、栽培及拔擢員工，不該讓員工被動地學習、受訓與提升自我。

三、確保員工接受鉅細靡遺的工作指導與監督，能與他人有效協作。

四、以最高效的作業方式公平地規畫與分配工作，特別是在管理者與員工之間，讓雙方能密切合作，完成必要的任務。

過一百一十多年後，鮮少人會反駁泰勒的觀察和建議。目前每年有多達數千本商業書出版，回顧過去的想法似乎有違直覺。但如我們已發現，現今企業與組織的諸多做法，實際上可以直接追溯到數十年前創建的模式。

當然，改變工作世界的觀點遠不止於此。我們從中挑選了五十個最有趣、最有影響力、最受歡迎或最實用的觀點，其中有些較新，有些偏早。所有想法在今天都很重要，在未來也會繼續發揮影響力。你可以把本書當成商業思維的詩選集，陪伴也能指引，意在激發你深入探索的興趣。

我們希望將每則觀點描述得簡明扼要，去蕪存菁、只留精髓：包括核心概念及其重要的理由。最重要的是，我們講求實用，期望這些觀點可以儘速、盡可能輕鬆應用在工作世界。這就是為何每章會闢出「怎麼應用」和「你可以想一想」的用意。

我們鼓勵你運用這些觀點強化自身能力、深化對工作世界的思考力並落實持續正向的改變，以期打造更優秀的組織與企業。

傑瑞米・寇迪和喬納森・貝瑟

第1部

人的心理
與績效表現

01 快思慢想
Thinking, Fast and Slow

以科學理論了解人類的決策過程。

綜覽快思慢想

以色列裔美國心理學家暨諾貝爾經濟學獎得主丹尼爾・康納曼（Daniel Kahneman）在二〇一一年出版的《快思慢想》（*Thinking, Fast and Slow*）中，探索人類決策的過程。他深入剖析神經科學與大腦的運作方式，提供實用的見解，並生動闡述兩種在人類心智並行運作的思考系統：快思與慢想。

康納曼將系統一的思考方式（快思）定義為自動反應的、直覺的、受情緒影響的；系統二（慢想）則代表較緩慢、更深思熟慮與更符合邏輯的思考模式。透過了解這兩個思考系統，你可以更理解自己在做決定時，用的是哪個系統，並改善決策過程。

康納曼的研究影響許多人對決策、神經科學和行為心理學的理解，包括：進一步理解直覺在決策過程扮演的角色；事後回顧時，人們容易以後見之明評斷先前決策的局限性；金錢、其他隱約不易察覺的因素和偏見對決策的影響。

快思慢想的關鍵概念

快思慢想代表人類心智中兩種平行的思考系統。

快思

快思（系統一）代表自動、直覺式的思考方式，幾乎不需耗費太多腦力即可完成。快思負責感知、注意力和部分基本的認知任務，例如知道如何繫鞋帶或能夠做簡單的算術（如二加二）。系統一的思考方式通常是自動反應的，也是我們做出直覺反應和迅速判斷的基礎。系統一對於日常生活中需要「即時」決策（而且這些決定多半會時時刻刻隨時出現）上，發揮得非常出色。如果我們每次做決定都要依賴系統二（即慢想），會導致認知負荷過重且耗時過長。

關鍵是決策過程中，知道何時該放慢腳步、深呼吸，並依賴系統二進行思考。

慢想

慢想（系統二）代表更認真、更權衡利弊且更講究邏輯的思考系統，需要人們聚精會神。慢想負責問題解決、決策和高層次思維。系統二的思考方式較為深思熟慮，當你需要超越系統一的直覺反應或處理複雜問題時，就會依賴系統二的思考方式。舉例來說，若有人要你算出十七乘以二十四，而你卻只依賴系統一的思考方式，可能難以得出答案。

我們可以學會辨識自己何時過度依賴快速、直覺的系統一思考方式，而未充分運用較慢、更深思熟慮的系統二思考方式。你也可以學著找出自己在哪些情況下，需要啟動系統二的思考方式來取代系統一的快思反應，以便做出更周延且理性的決定。

了解快思和慢想的思考方式，可以幫助我們成為更專注、更有效率的決策者，幫助我們承認、理解何時依賴直覺可能無法達到最佳結果，或是承認偏見如何影響我們所做的決策。康納曼的研究為希望提升自我覺察提供寶貴的重點，他的快思慢想核心概念經常體現在培訓課程、教練與學員之間的討論中，也反映在我們日常的工作方式上。

怎麼應用

你可參考以下方式，協助自己應用康納曼的快思慢想概念。

花時間分析如何做出關鍵決策

面對棘手或複雜的決策時，試著放慢腳步，花點時間啟動系統二的思考方式。不妨自問這些問題，例如：有哪些其他選項？它們各有哪些利弊？你的目標或優先要務是什麼？做這個決定（或不做這個決定）的長期潛在影響為何？

但留意，勿因過度謹慎或過度思考而陷入「分析癱瘓」（paralysis by analysis）。如果你要做的決定屬於系統一類型，最佳方式是立即採取行動，果斷實現計畫。

留意自己的偏見和心智捷徑（mental shortcuts）

每個人都有影響其思考和決策的偏見與捷徑。例如可能慣於依賴刻板印象，或是過度受到近期事件的影響（recency bias，近因偏見）。留意這些，你就能做出更客觀、平衡與合理的決策。

練習正念

若想啟動更慢速、須反覆思量的系統二思考方式，可透過正念練習，例如冥想或寫下自己的感受。這些練習可以幫助你更清楚自己的想法和情緒，形成更平衡、理性的觀點。

徵詢不同的觀點與意見

當你面對複雜的問題時，嘗試與擁有不同背景、閱歷、專業和觀點的人士交談，徵詢他們的意見。這可以幫助你從不同的角度看待問題，形成更具創意的解決方案。

暫停和休息

當你感到疲憊或無法負荷時，難以啟動較慢、須縝密思考的系統二思考方式時，暫停並充分休息可以幫助你恢復精力，更有效率地解決問題和做出決定。

你可以想一想

- 自動反應的系統一思考方式會在何時且多常影響你的決定和行動？你還記得直覺反應讓你偏離正軌、誤入歧途嗎？
- 在什麼情況下，你會傾向於依賴速度較慢、須權衡利弊的系統二思考方式？
- 想想你如何能騰出時間和空間啟動須縝密思考的系統二思考方式？
- 你有多清楚自己的認知偏見？
- 你如何將快思與慢想的概念，應用在解決問題上？面對複雜的問題時，你還能怎麼做以便啟動系統二思考方式？

你可以讀這部經典

Kahneman, D.（2023）。快思慢想（新版）（洪蘭譯）。天下文化。（原著出版於2013年）

02 情商
Emotional Intelligence, EQ

如何有效管理與善用情緒？

綜覽情商

心理學家丹尼爾・高曼（Daniel Goleman）一九九五年出版的暢銷書《EQ：決定一生幸福與成就的永恆力量〔全球暢銷20週年・典藏紀念版〕》（*Emotional Intelligence: Why It Can Matter More Than IQ*）普及了情緒智商（情商）的概念。高曼以霍華德・加德納（Howard Gardner）、彼得・薩洛維（Peter Salovey）和約翰・梅爾（John Mayer）的研究為基礎，強調能有效辨識、理解和調控情緒是個體和組織成功的先決條件。相較其他能力，在變動時代、遇到壓力或危機時，情商尤其重要。舉例來說，每個人都會憤怒，而情商可以幫助我們有效管理與善用怒氣（亦可選擇不發火），以達到某種目的或最佳結果。

情商愈普及、影響力愈大，這顯示心理學已廣泛應用在職場，同時也顯露另一個密切相關的現象：大家愈來愈注意到，理解員工、挖掘他們的潛能、激發他們優異的表現，才是解決工作諸多挑戰與難題的關鍵。

舉例說明，如果你希望吸引新舊客戶和員工，學習並適應不斷變化的環境；在危機期間依舊茁壯成長；保持創新能力；維持團隊最佳合作狀態或做出最佳決策，那麼務必要建立讓大家積極行動的工作環境，才能讓員工能高效共同完成目標。畢竟人在本質上是社群動物；情商的真正價值在於能夠善用這種社會性，成功促進合作。

情商的關鍵概念

為了定義何謂情商，高曼在《EQ》中提出五個元素構成的框架。

理解情緒並提高自覺力

因為儘管情緒經常影響我們，但我們偶爾才會留意自己的感受。所以理解自己的情緒並提高自覺力很重要，因為之前的情緒經歷會影響此刻的決策和行動。能夠覺察並管理自己的情緒，有助於控制衝動、個人發展、建立自信和內在信念。情商高的人通常有自覺力：他們較能避免盲點，能夠理解（和減少）自身的偏見。（請參閱08，第50頁）

管理情緒：自我調節與控制

情商高的人知道（或努力學習）如何控制自己的衝動和情緒，尤其是以下三大情緒：憤怒、焦慮和悲傷。這種情緒韌性（emotional resilience）讓他們即使面對壓力，也能在各種情況下保持穩定表現，並根據需要調整行為。自我控制代表他們能避免衝動、不會草率做決定。自我控制情緒的特徵如下：冷靜思考、能夠接受模稜兩可的情況和變化的狀態、展現誠信、不怕說不。

自我激勵

高情商的人通常具備上進的內在動力，理解什麼動力能讓他們保持專注、充滿能量和感到喜悅。有內在動力的人通常會為了長遠的成就與目標，推遲眼前的短期利益，並且有生產力（行動力）、韌性和克服挑戰的能力。上進的動力不僅幫到自己，也更有資格與優勢去影響周遭人——例如，分享激勵自己的內在動力，並以實例具體說明內在動力的好處。

展現同理心，識別與理解他人的情緒

自覺力有時被視為情商最重要的能力，緊接其後的是同理心。有同理心的人能夠感他人之所感，識別與理解他人的情緒，即使這些情緒可能不那麼明顯，但他們能夠透過用心傾聽、誠懇以待與他人建立關係。同理心能為一系列的職場活動奠定穩固的基礎，例如需要通力合作的團隊工作或需要說服力的銷售等。最重要的是，具有高度同理心的人會避免刻板印象，也不會過快對他人下定論，他們坦誠開放，擅於建立並維持人際關係。

發展社交技能與建立人際關係

高曼強調，人的情緒具有傳染性。人與人之間每一次的互動都存在無形的交易，即人與人之間的情緒會互相影響，不是讓人感覺更好，就是讓人感覺更糟。高曼稱情緒互相影響為「祕密經濟」（secret economy），認為它是職場中建立良好人際關係的關鍵。在這方面表現傑出的人通常會先留意他人的成功，而非自己的利益，因此他們是出色的團隊成員、教練和管理者。他們擅長解決爭議、溝通、影響和吸引他人參與，而且他們建立的關係往往能長長久久，禁得起時間考驗。

怎麼應用

高曼指出情商有五大能力，大家可聚焦五大領域，學習與精進情商。

發展自我覺察

為了提高自覺力，請花時間理解和解讀自己的情緒，以及你典型的情緒反應和行為反應。例如，你何時會感到沮喪？什麼原因觸發你的情緒？你通常會出現什麼反應？

觀察自己對他人的行為有何反應，以及你對他人情緒狀態的理解程度，

這些也會幫助你的情商。想想你的工作環境，以及在此環境下，哪些情況對你有益。例如，你會需要多一些（或少一些）謙遜？更大的自信？控制自如的自信？還是加強與他人合作的能力？哪些會讓你受益？

管理情緒

可以透過幾種方式建立情緒韌性。首先，找出對你而言占主導地位的情緒，並記下何時出現。接著，思考並與他人討論（如果可能的話）你希望自己培養什麼情緒特質。為這些情緒命名 —— 清楚、明確地說明它們是什麼，以及它們在何時、以什麼方式表現 —— 這對於理解和有效運用情緒極為重要。

其他有助於建立情緒韌性的行動，包括：評估自己的優勢和尚待發展的領域；評估自己在壓力下的反應，並思考能如何改善；了解如何妥善而有效地為自己的行為負責，尤其是犯錯時；誠實反思自己的行為對他人的影響。

激勵自我與他人

重要的是，如果你想激勵與影響他人，首先自己須具備強大的內在動力。因此，要提升個人的內在動力，請先想想哪些事會讓你充滿活力和樂趣，什麼事會讓你感到沮喪、受挫或憤怒。哪些情況和哪些人會激發你最好的一面？你何時最脆弱或最沒有效率？

內在動力也有助於你有效平衡短期和長期目標，避免顧此失彼；以及當你面對挑戰或挫折時，能夠堅持到底。你如何提高自信心、韌性和成功達成目標的可能性？

可以透過以下行動，提高內在動力。例如，與充滿內在動力的人共事、設定務實且具挑戰的目標、花時間肯定自己的進步和成就。進步、受肯定與得到獎勵是提供內在動力非常重要的來源。

培養更多同理心

同理心代表能夠設身處地理解周遭人的願望、需求、想法和觀點，並能與其產生共鳴。你只須養成以下習慣，就能精進同理心：一，反問自己，若面對相同的情況，會有什麼感覺。此外，與人交談時，認真詢問他們的看法並積極傾聽，這意味著給予對方你全部的注意力，繼而與對方一起探索他們所說的內容與背後的原因。另一個重要的習慣是，花時間思考他人如何表達某件事、理解他們為什麼以那樣的方式表達，以及他們未說出的話。

建立關係

高曼強調，無論在職場還是其他地方，建立穩固、有溫度的人際關係非常重要。若缺乏情商，人與人之間無法建立連結、坦誠交流和相互理解，反倒容易產生誤解、恐懼、指責或孤立等問題。然而，有行動和習慣可以幫助我們改善這種情況：包括打開心房，分享跟自己有關的事 —— 如你的感受、意圖、如何能提供幫助等。

花時間建立融洽的關係。真誠詢問對方的心情或他們的生活情況，對於建立連結與讓對方感受到你的善意，幫助很大。擁有和睦的關係至關重要，因為基於融洽關係所形成的連結，能為建立深層次的關係奠定基礎，例如讓你敢挑戰或發揮影響力。開放、有建設性的提問有助於彼此理解，建立更深入、更穩固的關係。

你可以想一想

- 什麼情緒是你的主導情緒？它們對你的決策和行動有什麼影響？
- 想想組織中哪些人擅長展現同理心？他們如何表達同理心？
- 什麼能激發你的內在動力？你可以做什麼提高自己的能量和動力？
- 你對他人是否一直夠敏感？你可以怎麼進一步理解他人的情緒與觀點？

- 你是否花時間建立融洽的關係？你是否足夠開放、願意與他人交往互動？為了建立人際關係，你還能做什麼？

你可以讀這部經典

Goleman, D.（2016）EQ：決定一生幸福與成就的永恆力量〔全球暢銷20週年・典藏紀念版〕（張美惠譯）。時報。（原著出版於2005）

03 神經語言程式學
Neuro-Linguistic Programming, NLP

語言、思考和行為之間的關係。

綜覽NLP

神經語言程式學（NLP）是理查・班德勒（Richard Bandler）與約翰・葛瑞德（John Grinder）在一九七〇年代根據廣泛的研究所發展，採用心理學方法，幫助我們理解語言、行為和思考之間的關係；如何利用這些關係支持有效溝通、促進個人改變並實現特定目標。

NLP的主要原則之一是個體有能力改變自己的思考和行為模式，若能理解並有意識的修改這些模式，就可提升溝通能力和影響力，實現個人目標和專業目標，打造自己想要的生活。

因此，NLP技術經常被用於教練輔導、培訓、發展與治療等領域，旨在幫助我們覺察和改變可能阻礙進步的負面想法與行為。

NLP的關鍵概念

- **語言模式**：影響他人對訊息的看法和反應。
- **換框**（reframing）：改變對某種情況的看法或詮釋，用更積極、更具成效的視角解讀。
- **建立心錨**（anchoring）：即建立自動觸發身體或情緒反應的開關（trigger），用來幫助你進入想要的狀態或行為模式。
- **模擬**（modelling）：透過分析和複製成功人士的行為與語言模式，以達到類似的結果。

- **可視化**（visualisation）：透過想像，具象化實現目標時的情形，以便維持內在動力。
- **目標設定**（goal setting）：應用可視化和建立心錨等技巧，設定明確、可實現的目標，幫助自己保持專注力和內在動力。
- 建立**時間管理**策略，以及設定工作優先順序的方式。

在職場，NLP技巧被用於改善溝通技巧、克服問題和障礙、實現目標，以及改善與同事和客戶的關係。

有人擔心NLP缺乏有力的科學基礎，或可能被用來操控他人的行為與思維。儘管如此，自一九七〇年代以來，NLP被應用在諸多領域並達到預期的目標，如換框重新詮釋情境，幫助我們用更積極、更具建設性的角度看待問題，以及透過有效溝通建立信任與和諧關係。

怎麼應用

透過NLP一系列技巧：專注使用的字詞（如避免使用術語），改變我們對事件的反應方式，以及幫助我們養成新習慣，能改變我們的思考和行為。

第一步通常是確定你想達成的具體目標：可能是最終目標（end goal），如獲得晉升；或表現目標（performance goal），像改善溝通技巧。

根據目標，選擇並應用最適當的NLP技巧。例如，你可能想轉職到其他部門或換個職務，但沒有信心提出申請。不妨使用可視化技巧，想像新職務的模樣，以及你會如何履行新職務，這有助於降低該職務的神祕感。你也可以透過建立心錨，克服因缺乏自信而產生的焦慮。搭配使用這些NLP技巧，可以協助你換框，以積極正向的視角重新解讀新情況，視為可實現的目標，而非力不可及的挑戰。

NLP還提供哪些實用性協助？

改善溝通技巧

NLP一系列技巧，例如更注意說話時的語言模式和框架，有助於改善溝通成效。NLP技巧也包括更積極地傾聽，使用恰當的肢體語言（還可能模仿對方的肢體語言)，以及使用清楚、簡潔、促進互動的語言。

克服挑戰

運用NLP技巧可找出並克服阻礙我們前進的挑戰或障礙，如找出負面的想法、觸發這些想法的場景和哪些行為加劇了挑戰，然後採用新的策略處理這些問題。這需要鑾高的自覺力（請參閱02，第18頁），理解自己在某些情況下的情緒和行為，以及它們如何影響自信心和行為模式。

實現目標

NLP可以幫助我們設定並實現目標，方式是應用可視化技巧：對需要完成的目標、目標的意義、重要性、實現目標後的感受、確保成功實現目標所需的行動等，建立清晰的願景。至於建立心錨和換框等技巧則可以幫助我們保持專注力和內在動力。

改善人際關係

學習如何更有效溝通、培養同理心、建立連結、建立信任和融洽關係，這些技巧可以幫助你改善與同事、客戶和其他利害關係人的關係。

例如，你可以考慮在簡報時使用講故事的技巧。只有事實與資訊的報告，枯燥單調，由於簡報基本上是「對著」人說話，因此不如分享個故事，既能傳達重要訊息，又能吸引聽眾。

你可以想一想

- 語言、行為或思考是否有時會阻礙你達成目標？你可以做何改變？
- 你可以使用哪些NLP技巧克服障礙？
- 你可以養成哪些新習慣？如何提高自己在組織中的影響力？
- 可視化和換框如何提升你團隊的表現？

你可以讀這部經典

Bandler, R. & Griner, J.（1997）。改觀－重新建構你的思想、言語及行為（伶予譯）。世茂。（原著出版於1982年）

04 成長型思維 Growth Mindset

在挑戰與變化中尋找積極面。

綜覽成長型思維

卡蘿・杜維克（Carol Dweck）是史丹佛大學心理學教授，因為提出成長型思維的理論而聞名。所謂成長型思維，強調一個人的才華與能力可以透過好奇心、學習及他人提供的反饋繼續成長與進步。杜維克將人的心態分為兩大類，一種是成長心態（growth mindset），另一種是定型心態（fixed mindset）。定型心態的人認為，人的天賦與才華（或缺乏天賦與才華）天生已注定，因此對於能提升自己的機會，抱持較保守的心態。

二〇〇六年，杜維克出版暢銷書《心態致勝：全新成功心理學》（*Mindset: The New Psychology of Success*），她的理論因此獲得廣泛留意與重視。成長心態的觀點愈來愈流行，原因之一是大家普遍需要新的思考方式，面對不確定性、全新的挑戰和不斷變化的環境——這些現象自二〇〇六年以来，以諸多實例（例如新冠疫情、經濟波動、氣候變遷衝擊等）具體在世人面前上演。

二十一世紀發生了諸多詭譎多變、不熟悉與令人震驚的黑天鵝事件（請參閱11，第66頁），這些事件往往造成棘手且難以預測的後果。正是在這種動盪的背景下，愈來愈多個人和組織將成長型思維視為繼續前進的途徑，或者至少是求生不可或缺的工具。

成長型思維的關鍵概念

成長型思維的核心概念如下：我們對於生活和工作的態度（即心態）可分為兩種。一種是定型心態，認為人的智力（充其量）只能保持原狀；另一種成長心態是動態、成長導向的，認為智力可以透過努力和學習，繼續成長與進步。

這兩種心態的差異在以下五個關鍵領域的表現尤其明顯：

- 面對挑戰
- 遇到障礙
- 決定付出努力的程度
- 處理批評
- 回應他人成功的表現

定型心態

定型心態的人通常會認為自己目前的能力與水準已達到最佳狀態，無須再精進或修改，這種一成不變的思維讓他們非常在意外界的看法，渴望被視為聰明人。因此，定型心態的人容易規避挑戰，面對阻礙時選擇放棄，認為努力毫無意義，拒絕接受批評，視他人的成功為威脅。影響所及，他們甚至停滯不前，無法成長進步，也沒辦法充分發揮潛能。

成長心態

成長心態的人相信智力和技能可以且應該繼續開發。這心態讓他們積極學習和精進，因而樂於擁抱挑戰，面對挫折時堅持不懈，認為努力是求進步和提升自我的必要條件，相信批評有利學習，並借鑒他人的成功汲取心得和靈感。成長心態的人更有機會在瞬息萬變的世界，成功與進步。我們可以從許多例子與情況，找到成長心態的影響力與共鳴。例如，有些企業利用新冠大流行病的衝擊，刺激創新、提升靈活度；有些人求職失敗後積極振作，將挫折重新定調為應徵其他工作的機會；在體育界，選手根據不同對手的打法與戰術，調整自己的風格；建築師師法大自然與科學，從中汲取靈感，克服工程挑戰；在政壇，溫斯頓・邱吉爾（Winston Churchill）在第二次世界大戰結束後籌組聯合國期間，曾說過一句名言：「永遠不要白白浪費一次好危機。」這些都是呈現成長心態的例子。

怎麼應用

杜維克強調，任何人想培養成長心態，需要注意以下兩個重要觀點。首先，一個人的心態不會完全是固定型或成長型，而是介於兩者之間，你的心態可能會根據你面臨的情況而改變。再者，只要你注意並選擇成長，就可改變你現在的心態。

杜維克也承認，人的心態可能會受到權威人士——例如老師、父母和部門經理負面言行的影響。他們可能會告訴你，你缺乏學習與發展的能力。但是，無論別人怎麼想，你的心態屬於自己，你可以選擇主動採取措施，培養且更頻繁地應用成長心態。以下幾點值得你思考。

承認自己不完美

承認並接納自己和他人都有不足之處，承認不完美能讓你看清自己有哪些弱點可能需要改進，也了解每個人都在不斷進步的過程中。

面對挑戰，也協助同事面對他們的挑戰

如果你或團隊中某些人對新挑戰感到畏懼，嘗試換個框架，以積極正向的視角看待挑戰，並尋找潛藏在挑戰裡的機會——例如學習的機會，或在新領域成功克服挑戰的機會。關鍵是必須走出舒適區，透過摸索與嘗試，發掘你尚未覺知的潛力。

停止從他人身上尋求認同與肯定

試圖迎合他人的期望無助於建立成長心態。相反地，你應該專注於：工作與目標本身、須培養的技能、你自己及團隊的需求。他人的認同與肯定可發揮的影響力有限，而且會成為複雜的干擾，導致你分散注意力。

謹慎提出建設性反饋

對他人的建議和觀點持開放態度，因為與你觀點相左的人，可能是你獲得寶貴意見與指導的來源。

史丹佛大學設計了一套提供反饋的方法，這個工具非常實用，也是體現成長型思維的範例。這套方法採用「我喜歡、我希望、如果……」的方式來表達意見，舉例如下：

- 我喜歡你在今早產品簡報中，展現的熱情。
- 我希望你把重點更聚焦在產品的優點，因為這是你非常熟悉的部分。
- 如果你回頭分析這次簡報，看看哪些環節可以省一些時間，以便下次簡報有更多時間進行問答，你覺得如何？

有關如何提供反饋，另請參閱44（第240頁）和45（第246頁）。

重視過程與最終結果

結果當然重要，然而過程也一樣值得表揚，包括嘗試不同的做法實現目標、諮詢他人的看法、展開大膽和富有創意的行為等。杜維克的觀點是，採用這種工作方式（重視過程）可能會讓你下次的表現有更好的結果。反之，如果不重視過程，將錯過學習、進步（和大膽冒險）的機會。

不是失敗，只是「還沒」

你或同事在任務上遇到困難時，請提醒自己只是「還沒」（not yet）掌握要點。如果你們堅持，隨著時間與練習，將會看到進步。

你可以想一想

- 想想你是偏向定型心態還是成長心態？什麼時候你的心態比較固定？
- 你如何繼續精進自己的優勢與強項？你是否能有條理的列出挑戰並確定解決挑戰的優先順序？
- 你是否擅長換框，重新架構挑戰，將挑戰視為機會？
- 你走出舒適圈的頻率與成效如何？
- 你提出和接受建設性反饋的成效如何？

你可以上這個網頁

在影音串流平台YouTube上觀看杜維克講授「如何發展成長心態」（Developing a growth mindset）。

05 心理安全感 Psychological Safety

為什麼安全的工作環境是提高學習和績效的關鍵？

綜覽心理安全感

Google公司想了解什麼原因或動力讓團隊表現優異，因此進行了大規模的內部研究計畫——亞里斯多德計畫（Project Aristotle），旨在回答一個簡單的問題：「Google公司裡某些團隊的績效表現突出的原因是什麼？」經過建模和分析縝密的數據後，發現顯而易見的現象：有高績效的表現與團隊組成分子的關係較小，與團隊成員之間如何合作的關係較大。

研究員找出五個改善團隊動態的關鍵因素，其中最重要的因素是**心理安全感**。在團隊中，如果成員覺得自己會得到支持，而不是被懲罰或羞辱，他們會勇於直言不諱、承認錯誤、提出問題或提供新的想法，這樣的團隊更有可能發揮多元想法的影響力，創造更多收益，整體的績效表現也更突出。

組織心理學家威廉·卡恩（William Kahn）在一九九〇年代提出了心理安全感的概念，並視為影響員工投入工作的因素之一。隨後，哈佛大學商學院教授艾美·艾德蒙森（Amy Edmonson）透過著作《心理安全感的力量：別讓沉默扼殺了你和團隊的未來！》（*The Fearless Organization: Creating Psychological Safety in the Workplace for Learning, Innovation, and Growth*）將這個概念普及到全球。她將心理安全定義為「相信自己不會因為說出想法、問題、疑慮或錯誤而受到懲處或羞辱的想法。」

心理安全感受到各類組織的擁護，反映工作本質已改變且僵化的階層結構已式微，心理安全感除了顯示這個現象，也回應這個趨勢。今天的組織須肯定多元觀點的重要性，並看重各層級員工的意見。組織須創造讓每個員工都樂於分享想法和疑慮的環境，而不必擔心受到報復或評判，這種廣納各方意見的集體智慧能讓組織受益，包括促進創新、建立信任與合作，進而帶動組織成長。

心理安全感的關鍵概念

艾德蒙森的研究顯示，心理安全感是預測團隊和個人績效的重要因素。它對於鼓勵團隊成員勇敢冒險，從錯誤中學習和創新至關重要。當團隊成員感覺可以放心地暢所欲言和分享他們的想法時，就更可能開誠布公的溝通，這可改善決策和成功解決問題。

高心理安全感讓員工感到安心，不怕分享想法、樂於貢獻己力並展現自己真實的一面。反之，若心理安全感偏低，員工會擔心別人如何看待自己和自己的貢獻，也對犯錯感到焦慮。

職場中每個人，尤其是領導者，有責任協助打造讓員工心理充滿安全感的文化，所以必須在以下幾點多用心：

鼓勵開放和誠實的溝通

同事們應能安心地暢所欲言，分享想法和觀點，即使自己的想法和觀點有別於他人。每個人應該都能放心地尋求幫助。

提供表達意見的機會

應該預留時間讓團隊成員分享想法和觀點，應鼓勵每個人貢獻己見。

建立信任與尊重

團隊成員信任和尊重彼此，對於創造積極和友善的工作環境非常重要。

團隊成員應該覺得同事重視自己的意見和想法，即使意見不同，也會得到尊重。團隊不應存在互相貶低或嘲弄的現象。

提倡包容和有歸屬感的文化

無論團隊成員的背景、年資或職務為何，都應感受到被重視和包容。組織應該推廣多元化的觀點和想法且受到大家支持與重視，並付諸實踐。

創造有利學習和成長的安全空間

同事應該敢放心犯錯並從錯誤中學習。鼓勵團隊成員勇敢承擔（經過分析與評估過的）風險；檢討自己的工作表現，找出需要改進的地方。

與心理安全感相反的概念是**心理危機感**（psychological danger）。艾德蒙森點出「危險沉默」（dangerous silence）的問題，在這種情況下，員工會因為害怕或感受到負面後果而選擇保持沉默，不說自己的想法、疑慮或意見；有人可能擔心被訕笑、評判或受罰。艾德蒙森的研究剖析在高風險情境下（如複雜的醫療手術），危險沉默的影響力。若護士注意到手術過程中有關鍵步驟遺漏了，但是礙於層級分明的制度和企業文化，因此保持沉默沒有說出口。這樣的疏失和護士的沉默可能會危及病患的性命。

即使是風險較低的情境，這個原則也同樣適用。例如，團隊有成員對新專案有疑慮，但選擇保持沉默，因為她不想被說是烏鴉嘴或被視為不合群。她這麼做無助於團隊考慮這些潛在的問題，影響所及可能導致團隊未及時正視問題，而造成專案延誤或耗費額外的成本，影響不可謂不大。

怎麼應用

心理安全感的重點在於為學習和績效創造有利條件。建立職場安全感需要實踐、用心和技巧。所幸艾德蒙森已開發了有用的工具和評估方式，可協助你建立職場的心理安全感。以下是指導建議。

評估目前的心理安全感水準

首先，公開討論或調查員工對工作的心理安全感，例如，可進行問卷調查或舉行焦點團體訪談。這些方式有助於找出需要改善之處並提供評估進展的初始參考值。

艾德蒙森的七點聲明，可作為評量心理安全感水準的框架。

一、如果你在團隊中犯錯，往往會被人針對。

二、團隊成員敢提出問題和難解的挑戰。

三、團隊中有些成員會排斥與自己不同的人。

四、在這個團隊中，冒險是安全的。

五、向團隊裡其他成員尋求協助很困難。

六、這個團隊中沒有人會故意對我做出扯後腿的行為。

七、與團隊成員一起合作，我獨特的技能和才幹受到重視與重用。

預先準備

清楚說明對失敗、不確定性和相互依賴的態度與因應方式。要清楚解釋：牽涉的風險與利害關係、為何你的工作重要、誰會受益和原因。這麼做的目的是建立一致的目標與意義。

鼓勵參與

清楚強調沒有人是萬事通。鼓勵員工提問並提出有建設性的挑戰。帶頭以身作則，示範積極傾聽。精心設計能促進積極、實質討論和意見反饋的結構與例行程序。讓員工放心，覺得他們的意見與想法受到歡迎。

例如，你可以在例會開始或結束時留少許時間，讓團員分享想法和意見。你也可以積極鼓勵大家分享不同的觀點和想法，像邀請團隊或小組以外的人士分享他們對某議題的看法和經歷。

建設性的回應：表達肯定與感謝

詢問他人的意見且重視所有經過深思熟慮的回應。你不一定要同意，但應該仔細傾聽，並肯定他們的貢獻與分享。

思考如何消除大家對失敗的負面看法，鼓勵員工向前看，並在事情出錯時提供協助。關鍵是發展持續學習的文化。

你可以想一想

- 你認為團隊和組織在心理安全感方面，達到什麼程度？
- 你該如何提高大家進一步認識與理解在安全工作環境的重要性和影響力？
- 你是否提供足夠、主動的機會，讓大家表達意見？
- 你和同事是否願意冒險和嘗試新事物？
- 團隊成員在做決定時，是否感到自在，還是擔心可能犯錯？

你可以讀這部經典

Edmondson, A. C.（2023）。心理安全感的力量：別讓沉默扼殺了你和團隊的未來！（朱靜女譯）。天下雜誌。（原著出版於2018年）

06 教練成長模式
The GROW Model of Coaching

讓教練式指導實用化、導向目標並更具實效。

綜覽「教練成長模式」

自一九八〇年代以來，教練式指導（coaching）穩步發展，主要推手是接受指導的學員與他們的雇主希望看到立竿見影的實效。由英國約翰·惠特默爵士（John Whitmore）所開發的教練模型正好能滿足這個需求，因為該模型幫助教練進行實用且高效的輔導。這位英國賽車手、作家暨高階主管教練領域的先驅所開發的架構，幫助接受教練輔導的學員聚焦在目標（goal）、現實（reality）、選項（options）和未來方向（way forward）上，簡稱成長模式（GROW），該模式也強調實現成長模式的意志力（will）。

最初，企業教練的工作聚焦在培養高階管理人員和領導者 —— 即公司認為值得花大錢請教練提供一對一指導的高成本員工，不過今天教練式指導多半被視為溝通，或是協助個人和團隊發展與成長的方式。

因此，許多組織決定在內部培養自己的企業教練。教練成長模式實現了教練課程民主化，即顯著擴大職場中員工得到教練課程的機會，這不僅嘉惠員工，組織也同樣受益。

「教練成長模式」的關鍵概念

教練成長模式的特徵包括：目標導向、不下達指令，以及由學員主導討論；此外，教練的功能是協助學員實現目標。教練根據學員實際需求，**提供**支持與輔導，所用的技巧是協助學員探索和專注在目標上；此外，也會鼓勵學員**挑戰**現狀，勇於嘗試他們可能忽視或迴避的領域。

惠特默的教練成長模式肯定教練課程內含的支持和挑戰兩大重點，並提供四階段構建的教練框架。

目標

教練幫助學員集中注意力，讓他們清楚理解自己想要達到的意圖和該目標在所有工作中的優先順序，即幫助學員釐清並理解自己想要實現的具體結果。目標可以是**結果性目標**（end goal），例如銷售數字在一年內達到一百萬元；也可以是**表現性目標**（performance goal），像是發表引人入勝的簡報或精進公開演說的技巧等。這階段的教練課程旨在確立學員希望實現的具體結果，並提供學員必要協助與輔導。

現實

第二階段的教練課程是協助學員探索實際面臨的情況。這一個階段非常重要，因為它突顯最重要的影響因素，協助學員確立這些因素的優先順序，並讓學員清楚知道實現目標的內在動機和益處。這個階段不僅能為推進目標提供資訊，還能引燃學員的渴望和動力，尤其當目標難以實現或望而卻步時。

選項

在這個階段，教練會幫助學員探索各種選項，刺激學員的想法，最後幫助學員選出實現目標的最佳途徑。這個階段讓教練得以發揮專業，將最初視為障礙的現況，重塑成更具建設性的進步機會。

未來方向／總結／意志力／持續性

最後這個階段，教練會幫助學員分析目標、現實和選項，並制定實際、具體、能在限期完成的行動計畫。在這階段，教練也須檢查學員是否有推進目標的決心，以及這種行動承諾是否在教練課程結束後仍能持續。

怎麼應用

教練成長模式的成效須依賴教練是否具備關鍵技巧，特別是積極傾聽和提問。其他技巧還包括：

- 擅於提供和接受反饋，尤其是提供前瞻性、無批判性的指導
- 展現重視和關心學員的態度，以及積極幫助學員的心意
- 客觀看待討論的目標
- 評估該做什麼和何時做，幫助輔導的學員成長和學習
- 建立融洽的關係，在必要時展現自信的態度。這能在挑戰學員的觀點時，避免被學員誤解為敵意或批判

出色的企業教練會接納學員的本質。他們會鼓勵和支持學員，尤其在他們遇到挫折和犯錯之後。教練的讚揚須具體而明確。

出色的教練會對學員抱持積極的期待，尊重保密性；最重要的是，幫助學員自己找到答案。透過這種方式，教練能幫助學員建立信心、累積經驗，並影響他們的心態。

請謹記，教練式指導以提問為基礎，透過提問鼓勵學員摸索自己的解決方案。以下列出建議和範例，讓大家參考。請大家牢記，最出色的教練會根據學員的情境與情況，調整個人風格、語調和提出的問題。

目標

此階段側重學員目標和優先事項，並設定議程。為這次的教練課程設定明確的目標。對學員的提出的問題包括：

- 你的目標是什麼？想要達成什麼結果？

- 你的優先事項是什麼？
- 你如何知道自己已達成目標？
- 目標是否具體且可衡量？
- 成功是什麼模樣？

現實

接著，教練會了解學員目前的情況：剖析他們的現狀，以及對目標有哪些疑慮。教練需要幫助學員分析他們面臨的問題中，哪些與目標最相關。教練還可以提供資訊並總結情況，幫助學員釐清現實。對學員提出的問題包括：

- 為什麼這個目標很重要？為什麼它對你很重要？
- 你目前遇到（或將會遇到）的主要問題是什麼？
- 這些問題是主要問題還是次要問題？如何減少它們的影響？
- 還有哪些其他問題可能會影響你的目標？
- 你能控制結果嗎？有什麼是你無法控制的？
- 達成目標的里程碑或關鍵點是什麼？
- 有誰參與這個目標？他們會造成什麼影響？

經過討論後的結果是，可能需要重新評估和調整目標。

選項

在這個階段，教練會協助學員制定數個實現目標的選項、策略和行動計畫。對學員提出的問題包括：

- 你有哪些選項？
- 你偏好哪個選項，為什麼？
- 如果你有用不完的資源，你會有哪些選項？
- 什麼是完美或理想的解決方案？要實現（或部分實現）這個解決方

案，你需要做什麼？

未來方向／總結／意志力／持續性

這是教練課程的最後階段，大家往往時間不足而倉促完成，卻是GROW模式最重要的階段之一。這階段的重點在於須採取行動，達成共識。教練的角色應該是回音板，點出計畫的優劣，測試行動計畫的可行性，並提供額外的觀點。對學員提出的問題包括：

- 你打算做什麼？何時開始？
- 誰需要知道這些計畫？
- 你需要哪些支援和資源？如何獲得？
- 你要如何克服障礙並確保成功？

有效的計畫應包含完善的檢討和反饋程序，用以檢查進度並提供持續前進的動力。

你可以想一想

- 你覺得自己準備好擔任教練角色了嗎？
- 身為教練，你將如何提高自己的技能和效率？
- 你如何在適當的時間，並以適當的方式應用GROW模式？
- GROW模式的哪一部分，對你來說最具挑戰性？
- 深思你是否會從教練課程中受益？你的首要兩、三個目標是什麼？

你可以讀這部經典

Whitmore, J.（2018）。高績效教練：有效帶人、激發潛力的教練原理與實務（25週年紀念增訂版）（李靈芝譯）。經濟新潮社。（原著出版於2010年）

07 MBTI性格評量指標
Myers-Briggs Type Indicator, MBTI

了解每個人的性格及其對團隊的影響。

綜覽「MBTI性格評量指標」

邁爾斯-布里格斯性格類型指標（MBTI®）是世界上最具公信力，也是最早被廣泛使用的性格評量工具之一。MBTI由凱薩琳·布里格斯（Katharine Briggs）和她的女兒伊莎貝爾·布里格斯·邁爾斯（Isabel Briggs Myers）在一九四〇年代共同開發，以瑞士精神病學家卡爾·榮格（Carl Jung）的理論為基礎，並參考了榮格在一九二一年的經典著作《心理類型》（*Psychological Types*）。

MBTI的目標是讓大家易於取得、理解和應用，希望能普及至全球，由個人和組織所使用。MBTI的評量由獲得認證的專業人員負責操作和解讀，評量結果通常是訪談、角色分配、建立團隊共識和提供反饋的基礎，還可成為個人發展計畫的要素之一。

此外，MBTI可以幫助個人更好地了解自己（和他人）；甚至可提高團隊成員之間的互動成效，進而將團隊的生產力和工作效率提高到極限。

「MBTI性格評量指標」的關鍵概念

MBTI不是測驗——因為沒有正確或錯誤的答案。它是一種工具，可以幫助我們進一步了解自己。

最新版的MBTI有八十八至九十三個評量題（具體題數因地區而異）。

每個問題提供兩個選項，作答者必須擇一。根據回答，作答者會被歸類為十六種人格類型，這是組合四個層面上的偏好所得的結果。

內向型（I）—外向型（E）

這個層面描述人如何與周遭的世界和人群互動，顯示他們在與周圍世界或他人互動時，留意的焦點與獲得精力的來源。每個人都會根據他所在的情境與環境，在內向與外向之間切換，但多數人會對其中一個領域表現出較強的偏好。

內向型（introvert）被認為是「內轉型」（inward-turning）。他們傾向以思考為導向，個性較內斂，能從自己的想法、思緒和回憶中獲得能量，也偏好從獨處或小團體中汲取能量。

外向型（extravert）被認為是「外轉型」（outward-turning）。他們傾向行動導向，從與人互動和採取行動中獲得能量。外向的人通常喜歡成為眾人的焦點，被視為充滿熱情且果斷自信。

實感型（S）—直覺型（N）

這個層面在留意個體如何收集訊息。

實感型（sensing individual，sensor，仰賴五官蒐集資訊的人）偏好具體訊息，如事實、日期和時間。實感型的人喜歡親自體驗，偏好真實、具體有形的資訊——他們想知道當下事物，並根據事實採取行動。

直覺型（intuitive）較留意模式、可能性和印象。這些人從大局與整體狀況中獲取訊息，專注於事實和概念之間的關係和關聯性，通常更能敏銳地捕捉到才剛崛起的新趨勢和新機會。

思考型（T）—情感型（F）

這個層面側重人如何決策。

思考型（thinker）偏好事實和數據，會斟酌選擇或行動造成的後果與影響。他們喜歡深入研究情況或分析挑戰，並為此感到興奮與充滿幹勁。他們通常會在提出建議之前，先進行分析、評估並將結果做成報告。

情感型（feeling）喜歡把自己置身於某個情境，並在做決定時，設身處地考慮他人和感受。情感型的人靠著支持與讚美他人，以及維持和諧關係為活力來源。

判斷型（J）—感知型（P）

這個層面看重人在決策時，如何與世界互動。

判斷型（judging）偏好結構和明確的界限。他們喜歡有計畫、有秩序、有結構和例行化的生活方式與工作型態。

感知型（perceiving）偏好彈性和應變能力，不希望被計畫或結構束縛。他們喜歡以開放且隨機應變的方式生活或工作，努力了解所處情況，但不受其限制。他們的內在動力源於隨興和隨機應變的能力。

完成問卷後，作答者會得到四個字母組成的結果，概括他們的偏好——例如，INTJ（內向、直覺、思考、判斷）或ESPF（外向、實感、感知、情感），或是其他任何一種組合。

MBTI靠著多用途而存在數十年之久。例如，人資招聘時常用來評量求職者；在培訓計畫展開前、教練開始指導學員時，或評量個人是否適合新的工作角色或加入新的專案團隊都可使用。在這些情況下，以此觀察人的個性和處事方法可能會側重於某個特質、何時會表現最明顯，以及該特質帶來的正面和負面影響。

然而，許多研究員和批評家質疑，他們從以下幾個面向懷疑MBTI的效度和準確性。

- 一些研究發現，MBTI並非可靠的行為預測指標，可能無法準確反映受評者的真實性格。

圖表1：MBTI性格（人格）類型

INFP	
・有創意並具有強烈的道德價值觀，努力讓世界變得更美好。	・可能在開會時，不敢大聲發言，因而面臨被忽略的風險。
ISFP	
・個性隨和，合作意願高，他們通常較內向，具有藝術氣質。	・不夠果斷，遇到困難的決定時，感到有壓力而猶豫不決，因而降低自己在職場的影響力。
ESFP	
・適應力強、隨興且外向，他們喜歡與人相處並成為舞台的中心。	・可能無法按時交件，或難以完成已開始的任務。
ESTP	
・富有創意且實際，以自己的能量和熱情感染他人，樂於與他人合作，一起尋找解決方案。	・可能無法有效管理時間，也不擅處理長期而複雜的問題。
ISTP	
・獨立有耐心，能保持冷靜並迅速做出有效決策。	・可能難以看清全局，缺乏從頭到尾貫徹專案的能力。
INTP	
・具有戰略與概念性的抽象思維，能夠分析事情的整體狀況，並找出創新的解決方案。	・不易與他人合作，也對記住重要具體訊息感到困難。
ENTP	
・具發明力和創造力，能在系統中發現關聯性和背後的概念，找到新的解決方案。	・做決策時可能猶豫不決，與他們共事也頗有挑戰。
ENFP	
・精力充沛且有魅力，在專案之間快速切換，考慮多種可能性，並帶領別人一起參與。	・他們可能難以確定優先順序，並徹底完成專案。

INFJ	
・具啟發性與創造力，更留意集體共同的願景。	・可能被認為不具個人主義特質。
ISFJ	
・耐心與忠誠，他們靠常識解決問題，並保護同事。	・可能會被認為缺乏自信。
ESFJ	
・欣賞他人、個性外向，看到他人的優點，並喜歡建立合作關係。	・可能覺得做決定是一項挑戰，因為他們太容易接受他人的觀點與需求。
ENFJ	
・包容與合作，能將每個人團結在一起，代表多元的觀點。	・面對衝突和意見不一時，可能會不自在，延遲做決定以確保充分考慮到所有觀點。
ISTJ	
・做事有系統且可靠，他們以任務為導向，喜歡在既定的流程和系統架構中工作。	・行事可能被視為僵化，對於變化和他人的需求缺乏彈性。
INTJ	
・有創意，具創新思維，能以長期創新的觀點看待複雜的問題。	・常被視為不近人情，不看重他人的意見或觀點。
ENTJ	
・自信且運籌帷幄，他們會組建團隊，並團結一群人完成長期專案。	・可能會忽略同事的貢獻。
ESTJ	
・果斷且具備內在動力，他們是目標導向，必要時會做出艱難的決定。他們會利用強大的人脈達成專案的最終目標。	・可能會覺得在壓力下顧及他人的感受和建立融洽的關係，並非易事。

- 它也因決定論的色彩而受到批評，即該評量暗示每個人的性格類型是固定的、無法改變的。這可能會造成限制，而且或許無法準確反映人的個性會隨時間發展與改變。
- 此外，也有人質疑可靠性。一個人可接受多次評量，每次評量的分數可能有顯著差異，而且評量結果完全取決作答者是否誠實作答。問題缺乏可靠性，讓人對MBTI的效度和準確性打上問號。
- 批評者認為，MBTI的十六種性格類型過於狹隘，無法完整呈現人類性格的複雜性，也無法捕捉到人類性格在不同文化背景下的細微差異。

當然，這些批評有其道理。反擊批評的有力回應是：別忘了，MBTI著重在作答者的偏好，而非固定不變的性格特徵。比如說，你的個性可能偏內向，但在必要時仍可表現外向的行為（像主持會議或進行簡報）；只不過事前你可能需要花更多時間單獨準備，並在事後花時間恢復精力。

MBTI的觀點並非一勞永逸的靈丹妙藥。在評估對方性格或進行自我評估時，MBTI的見解需要與其他因素與條件一併考量。

怎麼應用

MBTI性格評量指標通常由獲得MBTI認證的專業人員執行，並提供不同程度的報告，這些報告可應用於個人和團隊。

四個層面交叉組合，共出現十六種MBTI性格（人格）類型，每種類型均以四個字母的縮寫標示，而且每種類型都有其優點和缺點。

了解自己和他人的偏好，對於自我認知和建立關係非常重要。舉例來說，在新成立的專案團隊裡，因為成員彼此尚無合作經驗，透過互相了解偏好、傾向，可以確定哪些領域或任務自己可以發揮，同時也認識其他人的貢獻和價值。

就像其他類似的性格評量工具，如果能謹慎與靈活使用，MBTI確實能發揮作用。只不過不要期望它能解決你所有的問題。

你可以想一想

- 你對自己和同事的優缺點了解多少？尤其是在團隊合作的情況下？
- MBTI如何幫助你和同事提高工作效率？
- 你如何使用MBTI工具，進一步了解團隊？以及如何利用MBTI領導他們？
- 哪些MBTI的性格類型有助於你的團隊或組織實現目標？
- 你可以如何利用MBTI發展自己的能力？

你可以上這個網站

瀏覽Myers-Briggs公司網站上的相關資源：www.themyersbriggs.com。

08 周哈里窗
Johari window

認清自己的盲點並提高自覺力。

綜覽周哈里窗

每個人都有盲點，即不是完全清楚自身的某些面向，包括特質、價值觀、行動和行為。舉例來說，別人早就對你開會慣性遲到感到不悅，你卻從來沒想過這可能是問題。又或者，你觀察到有人開會占主導地位（而有人則選擇低調、做個隱形人），但你卻沒想過自己可能也有同樣的行為。

最難察覺的盲點源於善意或其他正向的意圖。你可能覺得自己在盡力幫助他人，但語氣或方式很可能讓人覺得傲慢或反感，而你完全沒想到別人會這樣解讀自己的好意。事實上，每個人都有盲點；這些盲點最好的情況只是讓人不快，但最壞可能造成嚴重傷害。提高自我覺察力非常重要，而且需要不斷努力；因為隨著你自身和所處環境的變化，盲點也會跟著改變。

這就是為什麼我們需要工具，幫助自己提高自覺力，以及能從別人的視角看見自己的盲點。周哈里窗（Johari window）就是這種工具，由心理學家喬瑟夫・魯夫特（Joseph Luft）和哈里頓・英格漢（Harrington Ingham）在一九九五年所創（因此取名周哈里窗），他們的目的是幫助我們了解自己和他人的關係。

周哈里窗以邁爾斯－布里格斯性格類型指標（MBTI，參見07，第43頁）的技術為基礎，而且和MBTI一樣，都是最早將嚴謹的心理學方法應用到職場的工具之一。周哈里窗模型強調我們必須具備自覺力、開放的心態和持續學習等能力。這些能力如今已成為職場常見的要求，也是大家公認成為高效貢獻者不可或缺的要素。

周哈里窗的關鍵概念

周哈里窗是一個可視化的模型，通常用來培養自我覺察力、當成個人發展的工具，以及協助建立更好的職場關係。

周哈里窗有兩個核心概念。首先，你可以透過坦露個人資訊來增強他人對你的信任；因此，開放性和真實性非常重要。其次，從他人獲得反饋與支持，是了解自己、解決個人問題和改善工作方式的寶貴途徑。

周哈里窗由四個窗格或「象限」組成，每個窗格（象限）都包含自己對自我的認知和他人對自己的看法，如圖表2所示。

圖表2：周哈里窗的四個象限

	自己知道	自己不知道
他人知道	**公開** **我知道並希望他人也知道的事**	**盲點** **他人知道、但我不知道的事**
他人不知道	**隱藏** **我知道、但隱藏不讓他人知道的事**	**未知** **我和他人都不知道的事**

周哈里窗的外框代表整個個人，象限的大小可以根據答案放大或縮小。例如，一個人若隱藏區、盲點區和未知區很少，很可能是非常公開、透明的人，那麼周哈里窗公開區的象限就會跟著放大。這個模型可以釐清人對自我

的理解程度，並揭露他在別人眼中的形象，有助於提升自覺力。以下是四個象限所代表的內容。

公開區：我知道，他人也知道

公開（open）的事你知道，別人也知道。這是你對外展現的形象，以及你希望別人對你的看法。

人若具備自覺能力（自知之明）並被周圍的人理解，公開區會較大。反之，缺乏自覺的人，公開區較小。

盲點區：自己不知道，但他人知道

落於盲點（blind spots）的是別人知道而你不知道的事情。例如開會時，你慣性遲到所造成的負面影響，是你自己未察覺的特質和行為，但他人看到並感受到了。了解自己在他人眼中的形象對於提高自覺力至關重要。在團隊裡，盲點可能會導致摩擦和怨懟。

如果盲點區大，可能是你沒留意自己的行為對他人的影響或你否認自己有這些行為。這也可能意味，別人選擇隱瞞對你的看法。

隱藏區：自己知道，但他人不知道

隱藏（hidden）區是一種偽裝與假象，即你隱藏了自我：你自己知道但選擇隱藏，不讓他人知道。你自知這些特質（以及隱藏這些特質的原因）有助於提升自我覺察，並有助於建立信任和鞏固人際關係。

你需要考慮這些隱藏特質是否影響自己的工作或周圍人的工作表現。並非每個人都得在工作中完全公開，但如果沒有正當或實質的理由卻仍選擇隱藏，可能會導致他人對你不信任、困惑不解，因而讓你感覺被孤立。

未知區：自己不知道，他人也不知道

未知（unknow）區留意未知的我：即自己和他人都不知道的事。未知區面積龐大可能是因為你的經驗不足，或是有些能力、但尚未察覺。這需要你自我省思，並與親近的人一起探索分析，以便外顯你更深層的動機、信念和存在的問題。

怎麼應用

自我揭露

若想應用周哈里窗，請從周哈里窗列出的五十六個形容詞清單中，選出最能體現你個人特質的詞彙。你可以使用其中的現成形容詞，也可以另外找出適合自己的詞彙。這五十六個形容詞列在圖表3。

反饋

下一步驟是請一位或多位同事提供反饋意見。請他們從這五十六個形容詞中，選出所有能體現你特質的詞彙。

系統化整理對自我的認知

接下來，畫出周哈里窗，完成每個象限。

- 公開區應放入你和同事都選出的形容詞。
- 隱藏區放入只有你選擇的形容詞。
- 盲點區只放入同事選出的形容詞。
- 未知區放入你和同事都沒有選擇的形容詞，但隨著你更認識自己（提高自我覺察能力），日後這些形容詞說不定能派上用場。

圖表3：用於周哈里窗象限的56個形容詞

能幹	精力充沛	充滿愛	善於探索
包容	外向	成熟	有主見
適應力強	友善	謙虛	過度在意他人看法、局促的
大膽	樂於奉獻	緊張	明智
勇敢	快樂	善於觀察	善感
冷靜	樂於助人	有條理	靦腆
有愛心	理想主義	有耐心	愚蠢
開朗	獨立	有影響力	自動自發
聰明	有創意	驕傲	有同情心
複雜	聰明	安靜	緊繃的
自信	內向	善於自省	可信賴
可靠	善良	放鬆	溫暖
莊重	博學	信仰虔誠	睿智
有同理心	有邏輯	反應靈敏	機智詼諧

系統分析周哈里窗，並設定明確目標

分析你完成的周哈里窗。目標是擴大開放區，縮小其他三個象限的面積。更多的反饋和進一步討論可能有意義與價值，但接受教練一對一指導也是不錯的做法。

請記住，結果可能因你互動的對象和他們對你的了解程度而異。因此，多元的反饋有助於你更全面了解自己。誠實的反饋和自我揭露至關重要，而且你需要對收到的反饋持開放與接納的態度。自我揭露可以縱向擴大公開區域；一些讓你感冒、敏感的反饋則可以讓你橫向擴大公開區域。

這樣做的目的是減少隱藏的特質，並覺察到自己未曾注意的一面，藉此進一步認識自己（自覺力），並建立更深厚、更具建設性的人際關係。

你可以想一想

- 你認為完成周哈里窗練習，對個人發展有什麼幫助？
- 思考可以請哪些值得信賴的同事提供反饋？
- 想想你對他人隱藏了哪些特質？為什麼要隱藏它們？
- 你的人際關係是否因進一步自我揭露而受益？
- 你如何幫助他人提高自覺力（進一步認識自己）？
- 你如何挑戰自我，逼自己走出舒適圈？哪些新活動或新體驗有助於你發展專業技能、擴大經驗和建立自信？

你可以讀這部經典

閱讀哈佛商業評論（Harvard Business Revies）「情商」系列的〈自我覺察〉（Self-Awareness），作者為丹尼爾・高曼（Daniel Goleman）、羅伯特・柯普朗（Robert Steven Kaplan）、蘇珊・大衛（Susan David）和塔莎・歐里希（Tasha Eurich）。

09 契克森米哈伊的心流 Csikszentmihalyi's Flow

理解優越的表現與成果如何成真。

綜覽心流

還記得自己上一次目睹了不起的運動選手、厲害的球隊、才華洋溢的音樂家或呈現完美舞姿的舞團是何時嗎？你當時產生的悸動幾乎肯定是米哈里・契克森米哈伊（Mihaly Csikszentmihalyi）所提的**心流**概念在發揮作用。許多因素造就出色的表現和成就，諸如創造力、身體素質、時機和環境，但心流絕對是不可或缺的一環。

契克森米哈伊是匈牙利裔美籍心理學家，他在一九七〇年代提出了心流概念，是全身全心投入活動的狀態，在這狀態下，人會全神貫注於自己正在做的事。心流這概念在眾多領域都產生極大的影響力，包括心理學、商業、體育、音樂和表演藝術。

心流的概念是透過大量的量化和質化研究所發展而成的。在這個過程中，契克森米哈伊以「不求樂而樂，不求得而得」（autotelic）描述不管做什麼事，都能得到純粹的快樂與滿足，而非完成此事所獲得的外在獎酬或回報。一個人若出現心流現象，往往能進入「最佳體驗」（optimal experience）。在這狀態下，會提升滿足感、創造力與整體幸福感，甚至能進一步強化參與程度，連帶提高表現水準和成績。

心流的關鍵概念

契克森米哈伊的心流概念是圍繞最佳體驗而展開，以及讓人達到巔峰表現、最大滿足感和成就感的條件。心流的基本要素如下。

專注

在心流狀態下，人會全神貫注於當下的工作與活動上。心思完全投入，外界的干擾逐漸消失。

渾然忘我

心流包括對自我和外界的關心減弱。自己與活動之間的分界線變得模糊，產生與任務融為一體的感覺。

明確的目標和反饋

如果我們有明確的目標，並能獲得即時且實用的反饋，會更容易進入心流。有明確的目標，能清楚知道自己需要完成的工作進度，並能根據有效、實用的反饋，隨時在過程中做出必要的調整。

挑戰難度與技能水準達到平衡

當挑戰難度與人的技能水準相符時，就會出現心流。如果任務過於輕鬆，可能會讓人感到無趣；如果過於困難，可能會引發焦慮。心流出現在挑戰難度和技能水準達到最佳平衡時。

掌控感

心流與我們對自身行為的掌控感存在密切關係。在心流狀態中，我們感到自己能夠勝任並成功滿足任務的要求，這種掌控感會讓我們產生滿足感和其他重要的情緒，例如自信心。

時間感扭曲

進入心流的人經常扭曲時間感。當一個人全神貫注於某個活動時，可能會覺得幾小時就像幾分鐘。

自主產生內在動能並樂在其中

心流通常與自主產生內在動機有關，我們參與某個活動是為了得到純粹的快樂與滿足，並非為了獲得外在獎勵或回報。參與活動本身就是對自己的回報與獎賞，甚至樂在其中。

做來輕鬆自如、如行雲流水

人在心流狀態下，絲毫不覺得吃力。儘管面臨挑戰，過程中仍覺得自然又流暢。

身心合一，意識與行動融為一體

心流的特徵是意識與行動融為一體。人完全專注於當下，意識與行動無縫銜接。

體驗到不求樂而樂、不求得而得

心流高度看重參與的過程，認為過程遠大於結果，也就是看重過程中的收穫和自我滿足感，因為過程本身就讓人感到充實。

分析能達成傑出工作成績和強勁表現所需的心理條件，有助於提升工作中牽涉的許多活動，包括：設定明確方向、制定明確可行的目標、提供反饋乃至發展技能等。如果你覺得有自信、能力，能全神貫注投入工作，最後覺得充實、有成就感，你很可能已掌握到心流的概念。

怎麼應用

契克森米哈伊的心流概念已應用在許多領域，目的是提升個人和集體的體驗與表現。在職場，達到心流狀態對個人有顯著利益，包括提高工作成效、取得更高的職涯成就。

以下幾個方法能幫助你進入心流，你能因此受益。

培養專注力

為自己設定正確的目標（請參閱39，第212頁），並消除讓人分心的干擾。

建立自信

希望建立自信，可能需要長期與循序漸進的進行並持續練習，更重要的是獲得反饋。請記住，反饋是進入心流狀態所需的三個條件之一（另外兩個條件是：設立目標、挑戰與技能的水準相符）。

強化技能

我們通常會將努力重點放在，如何將表現不佳的技能提升到可接受的水準。然而，要獲得心流體驗，不妨嘗試將現有的技能從「不錯」提升到「卓越」，即精進現有的專業知識和技能，達到真正非凡的水準。

挑戰自我

你還能做什麼拓展自己的實力，並培養新的技能？掌控自我發展的過程有助於建立你才是自己的主人，這種主宰權（sense of agency）對於自信和心流非常重要。

理解自己的動機

並非每項任務都能讓我們感受到心流。關鍵在於理解哪些任務對你而言是例行公式或乏味無趣的差事，哪些能激發你的熱情與內在驅力。心流的應用領域非常廣泛，突顯它在改善體驗和互動方面的多樣性，具體而言，可應用到學習、工作，乃至創造力和幸福感等層面。

你可以想一想

- 你上一次全神貫注投入某項活動時，是做什麼事？
- 你能怎麼做才能將心流的原則，應用在自己和同事身上？
- 反饋在創造最佳的學習條件上，能發揮什麼作用？
- 哪些日常活動與心流相契合？你如何改善完成這些活動的方式？
- 你如何描述和分享心流的概念，以及如何讓心流嘉惠同事和客戶？

你可以讀這部經典

Csikszentmihalyi, M.（2023）。心流：高手都在研究的最優體驗心理學（繁體中文唯一全譯本，二版）（張瓊懿譯）。行路。（原著出版於2008年）

第2部

未來思維：機遇、挑戰與變革

10 VUCA：易變性、不確定性、複雜性與模糊性

VUCA: Volatility, Uncertainty, Complexity and Ambiguity

在充滿挑戰和變化的世界中航行。

綜覽VUCA

VUCA的縮寫字首次在一九八七年出現，分別代表：易變性（volatility）、不確定性（uncertainty）、複雜性（complexity）和模糊性（ambiguity）。VUCA概念參考了美國學者華倫·班尼斯（Warren Bennis）和柏特·耐諾斯（Burt Nanus）的領導力理論。兩人不僅是作家，也是領導力發展理論的先驅。不過VUCA概念是美國陸軍戰爭學院（US Army War College）最先提出的，繼而被軍方廣泛用於描述和理解冷戰後的世界。

如今，VUCA這個詞彙常用來描述具高度易變性和不可預測性的地緣政治和商業環境。

班尼斯和耐諾斯認為，要在VUCA環境中異軍突起，企業或組織必須具備調適能力和敏捷性，並擁有強大而清晰的策略與願景。兩人還強調建立深厚人際關係與培養創新與持續學習文化的重要性。

VUCA的關鍵概念

VUCA框架提供我們理解與應對商業環境的複雜且不斷變化的方法。它強調必須為不可預測情況預先準備的重要性，包括處理易變性、不確定性、複雜性和模糊性等層面。

易變性是指組織面臨快速且出乎意料的變化，包括經濟、政治、社會和技術層面。

不確定性指的是無法預測未來，包括自然災害、市場波動、消費者行為或流行時尚改變等。

複雜性指的是商業環境的複雜性，涵蓋牽涉的利害關係人數、造成影響力的變數與作業流程相互依賴的程度。

模糊性指的是商業過程中缺乏清晰度或確定性。包括缺乏明確的目標、相互矛盾的資訊和難以做出明智的決定。

若能認識與理解VUCA框架包含哪些要素，可以幫助你在複雜多變的環境中，洞悉潛藏的挑戰和機遇。這種理解可以提升策略規畫能力，讓你制定更靈活、更具彈性的策略，因應瞬息變化和突發事件。

除了VUCA，還有其他類似的概念和框架，包括：

- **CHAOS**：描述的情境具有複雜性、會產生重大影響力、訊息模糊不完整、變來變去、難以捉摸等特徵。
- **FOCUS**：描述的情境具有脆弱性、讓人感到壓迫、複雜、不可預測、充滿壓力等特徵。它類似VUCA的情境，但更強調複雜、不可預測情境造成的負面衝擊。
- **VUCA Prime**：美國陸軍戰爭學院提出的另一個專有名詞。與VUCA情境類似，但多了一個「P」，代表「可能性」(possibility)，強調在易變、不確定、複雜且模糊的情境中，可能潛藏的機會。
- **VUCA 2.0**：在VUCA Prime的基礎上增加兩要素：創新和韌性。鼓勵組織擁抱變革、培養應變力，以便在複雜且不確定的世界中持續成長。

怎麼應用

VUCA架構的精髓在於能辨識並駕馭挑戰和機會，協助組織或個人培養隨機應變、韌性和發揮出色的個人和組織領導力。它強調若想成功與持續精進，必須理解和接受持續變動的形勢與趨勢。請採取以下步驟使用。

找出相關的VUCA要素

分析、逐一思考VUCA框架中字母代表的概念，在充滿V、U、C、A的環境裡（經濟、政治、社會、環境和技術等領域），找出潛在挑戰與機會。

制定應對VUCA的策略

確定哪些VUCA要素和你目前的情況相關，或對你目前的情況產生重要影響力，並根據分析結果，制定因應策略。在規畫過程和決策結構中保持靈活和彈性的應變能力，同時制定應急計畫。

鼓勵創新和學習的文化

若想在充滿VUCA的環境中保持敏捷力和隨機應變的能力，需要對新想法保持開放態度，並願意學習和靈活調整。為自己和他人提供學習和成長的機會，且鼓勵創新和實驗的文化。

建立關係

建立穩固的關係，特別是與客戶、員工、供應商和合作夥伴的關係。定期溝通與合作是關鍵，同時也要注重建立信任與相互理解。

展現強大的領導力和明確的願景

在艱困時期，組織若想持續發展，強大的領導力、明確的指導性願景非常重要，組織必須清楚傳達願景，並獲得全體員工理解。明確的方向可以發揮激勵員工的作用，並鼓勵員工培養韌性，因應不確定性。

已故的蘋果（Apple）創辦人史蒂夫・賈伯斯（Steve Jobs）提供了在VUCA環境中，抓住潛藏機會的典型例子。在他的領導下，蘋果始終展現強大的領導力和清晰的願景。賈伯斯勤奮不懈的專注於創新、卓越的設計和創造人性化的產品。這個清晰的願景幫助蘋果克服了多種VUCA挑戰，如不斷變化的客戶人口結構和偏好、激烈的競爭、訴訟、供應鏈挑戰和破壞性技術創新。

你可以想一想

- 易變性：如何提升你在挑戰或突然出現機會時的因應能力？
- 不確定性：面對有限的資訊或不可預測的結果時，你如何做決定？
- 複雜性：如何管理多個工作責任或互有衝突的優先事項？
- 模糊性：在複雜、不確定和易變的情況下，你如何處理模糊的情況並決策？
- 你如何建立更強的韌性和克服挑戰的能力，以便在職涯中一路前行？

你可以讀這部經典

Bennis, G. W&Nanus, B. (2007). *Leaders: Strategies for Taking Charge*. Collins Business Essentials.（目前無繁體中文譯本）

11 黑天鵝事件
Black Swans

預期不可知的意外。

綜覽黑天鵝事件

黑天鵝事件表示一個離群值 —— 它罕見、事先沒有被預測到、不符正常或傳統預期。黑天鵝事件會產生重大衝擊，但大家在事後回顧檢討時，往往會找各種理由解釋和合理化它。黑天鵝事件以各種方式塑造並影響現代世界，無論是透過技術和科學的發展，還是商業、教育、文化和政治的變革。隨著世界的連結愈緊密，黑天鵝事件的影響力也就愈大。

人類的天性和我們大腦習慣在事件發生後找原因，然後再細化這些解釋，讓黑天鵝事件看起來不那麼隨機、比較可預測且更易於理解。這種**後見之明的偏見**（事後偏見，hindsight bias）會造成盲點，影響所及，我們可能無法從錯誤中汲取教訓。

美國哲學家兼作家納西姆·尼古拉斯·塔雷伯（Nassim Nicholas Taleb）二〇〇七年出版了《黑天鵝效應》（*The Black Swan: Theory of the Highly Improbable*）。他曾做過期權交易員，指出有些行業更容易出現事後偏見，而大腦可透過再訓練辨識出黑天鵝事件，並克服根深柢固的認知偏見。

黑天鵝事件的關鍵概念

塔雷伯表示，直到十七世紀末，「舊世界」（歐洲和中東）的人民都還相信所有天鵝都是白色的，僅因為沒有人見過其他顏色的天鵝。直到荷蘭探險家威廉・德・弗拉明（Willem de Vlamingh）在一六九七年抵達澳洲時，發現黑羽天鵝，自此，大家才將黑天鵝視為常見的普通動物。這就是塔雷伯「黑天鵝理論」概念的起源：當事件尚未出現時，它們看似絕不可能或幾乎不可能發生，後來卻變成稀鬆平常。人會吸收各種解釋，並將其正常化。

以下是一些黑天鵝事件的例子。

- **九一一恐怖攻擊**：紐約世貿大樓和華府五角大廈遭到恐怖攻擊的可能性極低，但對全球政治和安全造成重大影響。
- **二〇〇八年全球金融危機**：蓬勃發展的房地產市場崩潰，隨後發生的金融危機出乎大家意料，對全球經濟造成深遠影響。

其他黑天鵝事件的例子，包括：自然災害、顛覆性技術和政治動盪。這些事件通常罕見且對社會具重大影響力。

政策分析師米歇爾・渥克（Michele Wucker）在二〇一六年出版的《灰犀牛：危機就在眼前，為何我們選擇視而不見？》（*The Gray Rhino: How to Recognize and Act on the Obvious Dangers We Ignore*）一書中，同樣以顏色和動物當成象徵概念。類似黑天鵝事件，灰犀牛也代表幾乎不可能發生、但可能造成重大危害的高影響力事件。然而，不同於完全出乎意料的黑天鵝事件，灰犀牛事件則是指近在眼前的明顯威脅，卻往往被大家忽視或淡化。渥克認為，灰犀牛事件比黑天鵝事件更常見，也更危險，因為它們常被人們漠視或嗤之以鼻，所以採取行動因應時，經常為時已晚。

然而，如果處理不當，黑天鵝與灰犀牛事件都可能造成重大傷害。

新冠肺炎大流行病究竟是黑天鵝還是灰犀牛，目前還無法蓋棺論定。就其快速的傳染力、擴及全球的影響範圍與嚴重程度而言，新冠肺炎看起來可能是黑天鵝事件，但實際上，許多專家與公共衛生組織事前都已預測會出現全球大流行病的風險，這也許可將它歸類為灰犀牛事件。在新型病毒爆發前，已有人明確警告這種可能性，並呼籲必須採取預防措施。因此，儘管具體的病毒類型和爆發時間可能還不確定，但全球大流行病的總體風險是顯而易見且被視為已知的威脅，但許多政府和組織卻選擇忽視或未充分應對。

怎麼應用

塔雷伯的黑天鵝理論宣稱，罕見且不可預測的事件會深刻影響我們的歷史和對風險的認知。這些事件往往在事後解釋為彷彿能被預見，此種做法會讓社會低估發生這類事件的潛在後果，並忽視展望未來時需要有更深入的理解與思考。

要理解並度過黑天鵝或灰犀牛事件，你必須重新訓練思維方式。我們可以從黑天鵝事件中，汲取幾個重要教訓。

不過度依賴歷史數據

黑天鵝和灰犀牛事件出現時，往往超出正常預期，所以人們難以根據歷史數據預測。做出預測時，務必深謀遠慮，並留心歷史數據的局限性。

未雨綢繆

黑天鵝和灰犀牛事件都影響力大、發生率極低，如果不能妥善預測和應對，可能會造成重大後果。因此必須防患未然，並備妥計畫，因應未預料的事件發生。

積極應對潛在風險

灰犀牛事件是比較明顯可見的威脅，但大眾往往忽視它或淡化其威脅性，等到採取行動時，已緩不濟急。你需要主動找出灰犀牛事件並應對潛在風險，而非忽視或淡化其影響力，避免等問題變嚴重才正視。情境規畫（scenario planning）等做法可以幫助你預測未來並做好規畫。

對理解世界保持謙遜的態度

黑天鵝和灰犀牛事件都提醒我們，人類對世界的理解有局限性。此外，隨機性和不確定性會顯著影響事件的發展。黑天鵝事件的概念提點我們，要保持開放、好奇和謙遜的態度，並時刻為意外做好準備。

你可以想一想

- 自己職業生涯中，是否有哪些事件符合黑天鵝或灰犀牛事件的定義？它們造成了什麼影響和後果？
- 黑天鵝概念如何挑戰傳統的風險和機率觀念？
- 你能否將這些理論的心得和見解，應用到個人決策和風險管理中？
- 你和所屬的組織如何才能更有效地為黑天鵝和灰犀牛事件做好準備或減輕衝擊？

你可以讀這些經典

Taleb, N. N.（2011）。黑天鵝效應（擴充新版）（林茂昌譯）。大塊文化。（原著出版於2010年）

Wucker, M.（2017）。灰犀牛：危機就在眼前，為何我們選擇視而不見？（廖月娟譯）。天下文化。（原著出版於2016年）

12 情境規畫
Scenario Planning

預演未來。

綜覽情境規畫

一九六〇年代，石油巨擘荷蘭皇家殼牌公司（Royal Dutch Shell）擁有一件祕密武器。該集團的規畫部門主管皮耶・維克（Pierre Wack）是情境規畫概念的先驅，他模擬和預演可能會影響殼牌未來發展的各種因素與情境。一九七三年，維克預演的情境成真。一九七三年，以色列和阿拉伯爆發戰爭，對多家石油公司造成巨大影響，石油輸出國組織（OPEC）開始限制石油供應，導致石油價格飆漲五倍。對殼牌而言，所幸維克的情境規畫發揮作用，公司因此為變化預作準備，並備妥因應方案。當石油危機發生時，殼牌得以領先競爭對手，不僅讓當年的獲利最大化，還在石油產業的獲利排行榜上從第七位竄升到第二位。

自此情境規畫一直是殼牌商業策略的重要一環，幫助公司了解商業環境的變化、識別新機會、探索策略性應對措施和做出長期決策。

不過，情境規畫適用對象不限於大型跨國公司。它也可以協助各種規模的組織及員工，了解影響未來發展的各種潛在因素與影響、挑戰現有的假設、協助他們克服自滿和「一切維持現狀」的心態。情境規畫可以幫助他們預演未來，讓他們提前模擬自己的反應和角色。

情境規畫的關鍵概念

情境規畫可提供資訊，引導組織了解未來可能發生的情況，以及分析造成這些情況的因素。透過探索不同的情境，可以在沒有風險的情況下，測試各種應對措施的成效及其影響。情境規畫的目的不是預測未來，而是在實際情況發生之前，預先模擬可能發生哪些情況，並探索可用的應對選項。透過情境思考（scenario thinking）可協助職場人士：

- 開發新視角，找出組織未注意到的盲點
- 挑戰假設，克服偏見和一切想維持現狀的心態
- 了解現況，並找出影響組織的潛在趨勢和問題
- 鼓勵員工分享資訊和想法
- 改善對事件的反應能力
- 幫助員工在面對不確定性時，能調整態度，並保持韌性
- 幫助員工建立共同的目標和方向

雖然情境思考在一九七〇至二十一世紀初逐漸受到重視，但之後漸漸式微。至少部分原因是在二十一世紀，隨機發生、具毀滅性且基本上「不可知」的黑天鵝事件在全球激增，這些事件嚴重衝擊組織（參見11，第66頁）。儘管如此，了解可能影響產業未來的因素仍是重要的活動和技能，而從情境角度思考是最好的方式之一。

怎麼應用

如果你認為情境規畫活動多少對你和同事可能有益，以下是應用情境規畫的想法與建議。

初步規畫

第一步是建立一個小型的跨部門和多元化團隊，特色是具備創新能力和

勇於挑戰現狀的思維。這個團隊需要找出知識上的缺口和弱點，然後合力創造「未來史」，即模擬未來可能發生的事情及可能發生的方式。

接著整理這些看法，歸類為主要的問題、想法、影響因素和不確定性，繼而大家一起分享與解釋這些內容，並以此作為建構未來情境的重要資訊。

建構未來可能出現的情境

下一步是了解和探索影響未來的力量與因素。大家合作建構情境，想像並評估可能發生的事件及後果。具體步驟如下：

一、找出可能影響某個情境的力量與因素。

二、找出兩個可能截然不同的結果（以及導致這些對立結果的因素）。

三、找出這些影響力之間的關聯性。

四、分析每種力量的影響程度（低或高），以及發生的機率（低或高）。

五、建構導致每種結果的「可能事件」，並詳細說明所牽涉的因素。

情境規畫通常會得出三種可能的未來：熟悉變化的未來；深刻變化的未來；產業或業務型態徹底改變的未來。

分析和使用情境

最後階段的重點在於確認情境中，對組織有重要影響力的外部人士有誰？他們優先留意的事項為何？以及他們在不同階段可能做出的反應是什麼？

然後，從情境的未來時間點往回推敲，根據推敲的結果制定行動計畫，這樣做的目的是將未來的預測和當前的行動緊密結合，幫助組織提早辨識可能出現的變化，讓組織能夠迅速且有效地採取行動，或是讓組織提前調整政策和策略方向。

農業領域提供了一個有趣的情境規畫實作範例，農民利用情境規畫因應措施（行動計畫），這些措施的決定因素取決於收成好壞。情境規畫幫助他們預測銷售情況和未來的投資。

你可以想一想

- 你的組織是否已為「萬一⋯⋯會怎樣」的情境，做好準備？
- 你會讓哪些人參與情境規畫？請考慮邀請不畏懼挑戰現狀、擁有廣泛經驗和專業知識的人。
- 你和你的組織如何持續掌握所屬產業的現狀、市場、客戶需求和新趨勢？在做出重大決策之前，你是否會不只考慮此一選項 —— 同一事件可能出現不同的發展？
- 你的組織是否害怕不確定性？或是將其視為潛在的機會？

你可以讀這部經典

Van der Heijden, Kees, (2004). *The Art of Strategic Conversation*. Wiley.
（目前無繁體中文譯本）

13 雙元性思維 Ambidexterity

平衡現在與未來。

綜覽雙元性思維

雙元性思維的概念是指，能夠在維持當前效率與朝向未來的創新之間取得平衡，這已成為組織與員工必須具備的關鍵能力，才能保持韌性，應對未來的挑戰。

兩者兼顧是一門學問，必須能**善用**（exploitation）現有的營運模式和現況，確保組織的穩定性、高效表現和成果；同時進行創新和承擔有風險的行動，為塑造未來奠定基礎：即**探索**（exploration）能在未來持續保持成功的選項。兩者兼顧代表既要探索新的機會，同時也必須善用現有的資源與優勢。

兼顧現在與未來的組織（雙元組織）最初是由研究員羅伯特．鄧肯（Robert Duncan）在一九七六年提出，當時側重商業策略與創新。查爾斯．歐萊禮（Charles O'Reilly）與麥克．塔辛曼（Michael Tushman）進一步發展這個想法，只不過他們是從組織學習（organizational learning）的角度出發，鼓勵員工個人也應該兼顧現在與未來。

二〇〇〇年，麥霍德．巴亥（Mehrdad Baghai）、史蒂芬．克利（Steven Coley）和大衛．懷特（David White）出版了《企業成長煉金術》（*The Alchemy of Growth*），內容包括廣為人知的「麥肯錫三條地平線模型」（McKinsey three horizons model）。該模型為創新策略提供了藍圖，鼓勵組織的營運必須留意三個不同的時間框架和活動：持續改善目前的營運（地平線一）；延伸和擴展營運模式（地平線二）；開創全新的能力和業務（地平線三）。

今天，雙元性思維的概念被用來形容，能夠在複雜且多變的環境中，靈活應對的個人與組織，並根據需要在不同模式之間彈性切換。重要的是，這些個體既能培養創意與創新能力，又能確保組織能夠及時且成功實現眼前的核心目標。

雙元性思維的關鍵概念

雙元性思維要求員工和組織必須同時留意現在和未來，即「善用」和「探索」。

善用指的是充分利用現有資源和能力實現某個具體目標。對組織來說，善用現有資源和能力取得穩定性和成效非常重要。

探索指的是尋找新的想法、方法和機會，通常與創新和勇於冒險有關。對組織而言，探索新想法和新方法有助於保持競爭力和適應不斷變化的市場。

具有雙元性思維的個人和組織，通常具備以下關鍵特質。

明確的整體目標、願景和組織身分

對員工來說，極具吸引力的組織身分（organization identity）是重要的參考依據（touchstone）：它提供穩定性，並引導組織朝著長期與短期目標邁進。更重要的是，組織身分能允許不同的業務單位，推行各自競爭的行動計畫，只要這些行動能強化組織身分（品牌形象），並協助組織實現願景。

應變性和敏捷性

在複雜且快速變化的環境裡，能夠靈活應變，並在必要時，切換到不同的營運模式。

溝通與人際關係能力

員工必須能夠在充滿信任和互相支持的環境裡，輕鬆地與同事和利害關係人溝通與合作。

根據充分資訊做出周全決策

決策需要兼顧短期和長期目標。

勇於冒險

組織應鼓勵創造力和創新精神，從錯誤或失敗中學習的心態，以及管理和緩解風險的能力。兼顧探索和善用，可說是複雜的工程，是需要高度技能的挑戰。組織要發展創新能力和創造力，難免要耗費大量時間和資源，在經濟不景氣的困難時期，會更加困難。此外，有些人可能會抗拒組織改變營運方式，或是不同意探索新的想法。

但顯而易見，為了生存和發展，組織既要放眼未來，也要留意現在。這不僅是具備雙元性思維領導者的特點，也是雙元組織的特徵。

怎麼應用

兼顧現在與未來的雙元性思維是指，能夠管理和平衡兩種看似矛盾的活動：探索和善用。應用時，需要考慮以下幾點。

建立連貫且一致的組織身分和願景

組織需要建立能夠連結現在與未來的身分與願景，清晰顯示現在需要完成的任務，以及這些行動將帶組織走向什麼未來。

傑夫．貝佐斯（Jeff Bezos）創立亞馬遜（Amazon）時，下決心要讓這家新創企業成為線上零售業的要角，當時電子商務尚在起步階段。他的行動計畫——例如將獲利再投資於技術——不僅在當時幫助亞馬遜成功脫穎而出；還為未來的競爭對手設立了難以克服的障礙。在經營線上零售業務的同時，亞馬遜還重金投資：品牌形象、數據中心、電腦演算法（藉此了解客戶偏好和購買習慣），以及開發一系列第三方服務等領域。這種做法挑戰了二〇〇〇年代初期的正統觀念，當時的主流做法認為「科技」公司應定期向股東發放高額股息，而非堅定不移地將獲利再投資於未來。亞馬遜的策略獲得了回報，在全球零售業確立了巨擘地位。

明確的願景能引導組織當下與未來的發展方向，帶領員工行動，將全體能力集中於一致的目標，讓利害相關人士、員工和整個組織動起來。

創新與適應力

鼓勵創造力和勇於冒險的精神，打造「不指責」的環境很重要。在這樣的環境裡，鼓勵新想法和新做法，並允許員工探索可行性，換句話說，就是心理安全感（請參閱05，第33頁）。

如麥肯錫的三條地平線模型，歐萊禮和塔辛曼也提出三種類型的創新。此為培養雙元性思維的基礎，而且需要同時發揮作用。

一、**漸進式創新**（incremental innovation）：定期改進現有產品和營運，以提高效率和價值。例如，為成功的產品或服務添加新功能，藉此提高吸引力並延長生命週期（請參閱29，第160頁）。

二、**結構式創新**（architectural innovation）：應用升級的技術或作業流程，從根本上改變企業的營運方式。例如，從實體零售轉向線上零售。

三、**非連續性創新**（discontinuous innovation）：技術或作業流程大幅升級，徹底改變產業競爭的基礎，往往造成舊產品或作業方式被淘汰。例如數位相機問世，導致底片相機沒落。

考慮如何以最佳方式支持雙元性思維

根據你的情況，可能需要考慮如何平衡現在（善用）和未來（探索），才能讓組織兼具雙元性。有些組織成立專門單位，專注於較長期的創新領域，不過這可能會造成各自為政的危險，無助於更廣泛地推廣長期思維。有些組織可能選擇與外部組織合作，利用外部組織與外部資源強化自己組織的雙元性（善用與探索）。例如，蘋果公司擁有龐大的硬體供應商與開發者生態系統，證明這種做法有用。

較小的團隊和個人在擬議和推動行動策略時，或可專注於發展更具雙元性的思維模式。

決策必須保持連貫性，且充分掌握資訊

此舉代表做決定時，要同時考慮短期和長期目標，以及兼顧探索（未來機會）和善用（現有商業模式和做法）的需求。

你可以想一想

- 你的組織是否有明確的願景和目標，以及每個人都理解的組織身分？
- 你如何在團隊或組織內推動或維持創新能力與創造力文化？
- 市場是否出現變化，需要你和同事靈活適應並優化自身能力？如果發生變化，你將如何達成此點？
- 你如何在某些領域鼓勵員工冒險，同時也確保其他領域繼續保持效率和穩定性？
- 你還能採取什麼措施，改善同事之間開誠布公的溝通、互信和團隊合作？

你可以讀這篇文章

O'Reilly, C. A., III, & Tushman, M. L. (2004). The ambidextrous organization. *Harvard Business Review, 82*(4), 74–81.（目前無繁體中文譯本）

14 科特的變革八步驟
Kotter's Eight Steps for Leading Change

適應快速變化的時代。

綜覽「科特的變革八步驟」

變革似乎已成為今日職場的常態。無論你是領導者、管理者或受變革影響的人，變革速度之快及其多半開放性的特質都會讓你難以招架、掌握或接受。無論你覺得變革令人興奮且充滿機會，還是傾向於迴避未知，了解過去的專家如何思考與研究變革，以及管理變革的方式，能幫助我們掌握變革的意義，並充分利用變革。

一九九〇年代中期，哈佛商學院教授約翰．科特（John Kotter）研究了一百家正在轉型的公司。他分析這些公司成功的原因和遇到的陷阱，並找出一系列導致公司轉型失敗的常見錯誤。科特一九九六年出版的書籍《領導人的變革法則》（*Leading Change*）提供具突破性的實用指南，協助領導層帶領員工和組織走過不確定期、機會期和成長期。

當時驅動經濟發展的動力來自全球化、地緣政治（尤其是冷戰結束後東歐和亞洲主要新興市場崛起）、管制放寬和推陳出新的技術。科特強調的核心觀點是，我們對工作的思考方式需要隨時代變遷而改變、發展和優化，最好能領導變革和塑造未來，而非作為被動的旁觀者過慢地反應。

理解領導變革的新做法已逐漸被視為關鍵技能，可協助預測和創造新機會，這與無所作為造成的潛在致命風險形成對比。

「科特的變革八步驟」的關鍵概念

科特發現，成功的變革是過程，而非單一事件就可實現。所以，他編寫了「科特的變革八步驟」：以一系列的行動確保組織在變革（轉型）期間，能成功實現目標。最重要的是，科特強調，如果我們想避免出現問題並顯著改變組織，必須重視八步驟中的每一個步驟。這八個步驟是：

打造支持變革的風氣

一、創造亟需變革的危機感。

二、建立領導變革的強大團隊。

三、建立願景。

鼓勵組織成員積極參與，讓他們擁有實現變革的權限與資源

四、溝通變革的願景。

五、放權，讓員工擁有按照願景行動的權力與資源。

六、實現短期可達到的目標與成就。

落實變革並持續推動變革

七、鞏固變革成果並維持變革的動能。

八、將新做法制度化。

科特強調，在變革時期，領導方式要保持靈活、務實，改變員工的思考方式，克服障礙，並實現對組織有利的成果。到了今天，科特的變革領導八步驟看似與當今的工作型態格格不入，畢竟今天的職場，變革不是可規畫、有明確結果的專案或過程，也不是員工可以選擇參與與否的旅程。實際上，變革是一股洶湧的洪流，無處可躲。我們能做的就是學會駕馭這股激流，保持漂浮，最好能在波濤中領先競爭對手。今天，科特的模型（八個步驟）更

像是周而復始的循環，而不是一系列的線性步驟，這是工作型態出現變化的跡象。

但不管是哪種情況，領導變革和從容應對變革已經融入我們的工作與工作方式，成為工作型態裡獨特且重要的一環。變革領導的精髓在於與時俱進：確保組織保持靈活、以市場和客戶為中心、保持相關性、維持吸引力和獲利能力，以及能在正確時間以正確的方式做正確的事。

怎麼應用

科特提出領導重大變革的八個步驟，至今仍是值得領導者參考的實用路線圖，建議領導者需要做什麼才能確保完成有益的變革。這些步驟強調許多技能、思考方式和行動，都是實現成功的先決條件。

一、創造亟需變革的危機感

動力就是一切。為了讓大家接受變革的必要性，必須消除自滿和惰性，並清楚說明為何需要展開變革。在常見的情況下，變革領導者的角色是保持積極的態度，並在已經成功的基礎上再接再厲。但在這個階段，也要預見可能的失敗：哪裡可能出錯、如何出錯、何時出錯，以及不採取行動可能會有什麼後果？強調具體細節或許也有助於推動變革，例如發生某個機會窗口，需要大家迅速採取行動。以推出新產品為例說明機會窗口：讓大眾對產品建立第一印象的機會真的只有一次，因此確保成功掌握這個關鍵的機會窗口非常關鍵。

二、建立領導變革的強大團隊

這是一群堅強、團結的人所組成的團隊，他們負責推動變革，並獲得整個組織廣泛支持。這個領導團隊需要了解變革的目的：需要做什麼？以及要達到什麼目標？除了保持團結、共同承擔推動變革的責任之外，這個團隊還需具備協調能力，以及推動變革的實權。在需要快速變革的情況下（例如，品牌或形象面臨重大危機時），具備決策能力且能影響整個組織的團隊，極為重要。

三、建立願景

明確的方向感，加上清楚知道欲達到的最終結果，有助於讓參與變革的每一個成員集中精力。大家需要牢記兩點。首先，從心理學角度而言，追求積極的目標，而非遠離負面的情況，更容易推動變革。其次，願景需要具備實用性和指導性，並且需要能影響全體參與者的行動。

四、溝通變革的願景

必須向所有參與者清楚說明變革的願景 —— 變革的意義及重要性。此舉旨在盡可能獲得廣泛的參與和支持。向員工傳達願景和因應願景所需的改變時，不僅要持續溝通、內容保持一致性，也要使用最合適的管道和溝通方式，這樣可以逐步增強落實變革的動機、動力和理解力，維持亟需變革的危機感。例如，董事會有時不解為什麼他們的願景未能達到預期的效果，其實是因為他們未能讓同事理解願景的實際意義，以及員工需要為願景做哪些改變。

五、放權，讓員工擁有按照願景行動的權力與資源

即使領導變革的團隊實力再堅強，也無法憑一己之力改變組織。改變需要從基層由下而上，而實現變革的目標，最好的方式是打造讓員工覺得備受支持且包容的環境，才能鼓勵每個人朝同一個方向努力。為了放權給員工，讓員工有更多的自主權，領導者需要消除抗拒變革的障礙（包括員工的態度和想法）；改變破壞願景的系統或結構；以及鼓勵新思維和勇敢冒險（斟酌盤算得失後）。

六、實現短期可達到的目標與成就

創造短期勝利之所以重要，是因為它們能突顯變革所需的條件和變革引發的價值；勝利能產生動力，並提供在成功基礎上進一步前進的機會。亞馬遜剛開始營運時，貝佐斯在辦公室安裝了一個鈴鐺，每次接到訂單，鈴鐺就會響。不到一個星期，鈴鐺被拆，以免鈴聲響個不停，而這傳遞了明確的訊息：成功和變革已在路上。

七、鞏固變革成果並維持變革的動能

這一階段可以說是變革過程中最困難的部分：最初的興奮已經過去，部分目標已經實現，員工也知道該做什麼，但變革疲乏可能已開始浮現，同仁可能缺乏解決問題的熱情。這時的關鍵是穩定前進：保持動力，而不要操之過急，以免影響變革進程的穩定性。利用最近成功的進展也許能為變革注入新的活力。提升技術水準、培養人才或增聘新人，也是行得通的做法。

八、將新做法制度化

科特承認，領導員工實現變革時，主要危險是變革過程過早結束。你可能認為公司已安裝新的IT系統，但很快卻發現，每個人都還是習慣使用自己的試算表。所以你需要繼續努力，確保變革已融入組織。重要的是，變革必須牢牢紮根在組織裡，每個人都必須理解變革達到的成果，以及未來變革可能的發展方向。

你可以想一想

- 你希望在工作或職涯中做出哪些變革？最理想的結果是什麼？
- 你要如何爭取支持、激發動力並實現目標？
- 你希望在組織中做出哪些更廣泛的變革？是否對未來有清晰願景？以及

是否有實現該願景的策略？

- 領導變革的團隊是否團結一致、相互支持，並專注於團隊目標？
- 你如何在短期變革之後，持續推動變革？

你可以讀這部經典

Kotter, J.（2002）。領導人的變革法則（邱如美譯）。天下文化。（原著出版於2012年）

15 艾森豪矩陣
Eisenhower Matrix

管理待辦事項的優先順序與工作量。

綜覽艾森豪矩陣

艾森豪二維矩陣（也稱為艾森豪緊急／重要矩陣）是一種生產力工具和時間管理方法，由美國第三十四任總統杜懷特・艾森豪（Dwight D. Eisenhower）提出。該矩陣在幫助我們根據工作、活動的緊急性和重要性排定優先順序，進而提高效率和專注力。

艾森豪矩陣是一種可視化的輔助工具，可以幫助我們更明智地決定如何分配時間和精力。透過艾森豪矩陣，你可以避免掉入老在回應緊急、但不重要事情的陷阱裡，而能將精力放到更符合預設目標的活動上。舉例來說，與其不斷查看和回覆突然出現在收件匣的電子郵件，倒不如優先處理深度工作或深度思考，這些活動可能沒那麼緊急，但通常更重要。

透過使用艾森豪矩陣，你可以提高生產力、減輕壓力，因為專注於真正重要的事情，能夠平衡工作與生活。

艾森豪矩陣的關鍵概念

艾森豪矩陣（圖表4）根據兩個標準——緊急性和重要性，將工作分成四個象限，並建議應針對每個象限採取什麼行動。

一、緊急且重要：優先處理。

二、重要但不緊急：安排時間處理。

三、不重要但緊急：委由他人處理。

四、不緊急也不重要：刪除。

第一象限　緊急且重要：優先處理

第一象限中的任務既緊急又重要，需要立即注意。它們通常涉及關鍵的截止期限、緊急狀況或迫切問題。優先處理並迅速解決這象限裡的任務非常重要。

實例如準備明天對客戶的簡報、參加經理與會的重要策略會議等。

第二象限　重要但不緊急：安排時間處理

這個象限裡的任務重要，但不需要立即注意。它們是長期目標、策略性規畫、個人發展與有助於成長和成功的活動。儘管不緊急，但花時間處理這些任務會對你和同事會產生重大影響。

圖表4：艾森豪緊急／重要矩陣

	緊急	不緊急
重要	**1. 優先處理** 緊急且重要	**2. 安排時間處理** 重要但不緊急
不重要	**3. 委由他人處理** **不重要但緊急**	**4. 刪除** 不重要也不緊急

實例如規畫和執行策略性的行銷活動、團隊評估及學習新技能。

第三象限　緊急但不重要：委由他人處理

這個象限中的任務或工作雖然緊急，但在整體規畫中並不重要。它們可能是會造成分心與干擾的事物，或來自其他人的請託，會分散或打斷你對更重要事物的注意力。將這些工作交由他人或外包，你才可以騰出時間做更有意義的事情。

實例包括：出席例行會議、可由他人代勞或可交給自動化技術完成的行政庶務。

第四象限　不緊急也不重要：刪除

這個象限裡的任務既不緊急也不重要，通常代表浪費時間的活動、瑣事或不必要的干擾。最好是刪除或盡量減少把時間花在這類事情上，以便專心在更有價值的工作上。

實例包括滑社群媒體、花時間在幾乎毫無價值的無意義活動上。你每週五都提交的那份報告真的有人看嗎？如果沒有，那就別再做了。

艾森豪矩陣也可以與其他時間管理工具搭配使用。例如，時間箱（timeboxing）：在日程表上，為每個任務與活動（包括午休或沉思）分配固定的時段；以及為每個任務標示A、B、C，代表優先順序。

使用艾森豪矩陣有諸多好處。

- **提升生產力**：專注於最重要的任務並減少浪費時間的活動，幫助你提高生產力並取得更好的成果。
- **改善決策能力**：艾森豪矩陣提供清晰的框架，幫助你決定該如何分配時間和精力，確保你投資在真正重要的事情上。
- **管理與減少壓力**：可提早及時完成緊急且重要的任務，減少因截止日期逼近和趕在最後一刻前衝刺所面臨的壓力。
- **與目標一致**：艾森豪矩陣協助你將活動安排與長期目標同步，讓你生活各領域都能進步或達到想要的成果。
- **優化時間的運用**：藉由區分緊急和重要的任務，你可以更有效地利用時間，擁有更平衡的日程行程與生活節奏。

怎麼應用

如何最有效地利用艾森豪矩陣，改善時間管理、生產力和決策能力？

首先考慮你的短期、中期和長期目標。這些可能是你個人或組織本週、本月和本季度要完成的目標。思考實現這些目標所需的行動，這些行動是否緊急，是否可由他人代勞。還有一些任務要求你參與，雖然無法直接幫助你達成目標，但仍然很重要，例如與其他團隊合作或指導某人。一旦你清楚自己的目標和職責，就可自信地展開安排任務的優先順序。

列出任務

首先列出你需要完成的所有任務和行動，包括工作、個人生活或其他任何一個領域的項目。

將任務分類

根據每項任務的緊急性和重要性，歸類到四個象限之一。評估時要誠實客觀。

專心處理第一象限的任務

優先處理第一象限的任務。這些任務需要立刻進行，因此要優先處理，以免造成負面後果。任務可能包括回應同事或客戶的重要請求。

規畫第二象限的任務

為第二象限的任務分配時間。這些活動有助於實現你的長期目標，應該安排專門的時間認真處理。例如準備即將登場的會議或簡報、管理與協調同事或其他重要相關人士、安排時間深思等。

委派第三象限的任務

評估第三象限的任務，確定是否可以委派他人代勞，讓你可騰出時間專心處理更重要的工作。例如，請同事代替你參加某個會議。

刪除第四象限的任務

確認哪些任務屬於第四象限，設法減少或刪除。避免被浪費時間的活動所牽制。

定期審視並更新任務清單，因為優先事項可能會變

保持靈活性，根據情況調整優先處理的任務清單。成功執行時間管理的關鍵在於保持一致性。持續使用艾森豪矩陣可幫助你專注處理當下最重要的事情。

你可以想一想

- 你能輕易列出未來三個月的目標和職責嗎？
- 思考艾森豪矩陣如何幫助你找出並優先處理，符合你長期目標和價值觀的任務？
- 第二象限的任務雖然重要但不緊急，該如何安排到適當的時間並適時留意，以免日後變得緊急？
- 如何應用第三象限有效委派工作並提高整個團隊的生產力？
- 你可以採取哪些措施減少或刪除第四象限中浪費時間的活動？

你可以讀這部經典

Tracy, B.（2024）。時間管理，先吃了那隻青蛙【25年暢銷經典版】：告別拖延，布萊恩・崔西高效時間管理21法則（陳麗芳、林佩怡、游原厚譯）。商業周刊。（原著出版於2013年）

16 柯維的「高效能人士的七個習慣」

Covey's 7 Habits of Highly Effective People

實現個人成長和更高的成就。

綜覽「高效能人士的七個習慣」

一九八九年，史蒂芬·柯維（Stephen R. Covey）的暢銷書《與成功有約：高效能人士的七個習慣》（*The 7 Habits of Highly Effective People: Powerful Lessons in Personal Change*）成為出版史上最暢銷的個人成長書籍之一。本書的影響力不同凡響：它不僅鼓勵讀者培養好習慣，提高工作效率，也證明能幫助人們提升個人效能與實現目標，一直是市場的長銷書。此後，出版商持續推出各領域專家對職涯與過更好生活的精闢見解。

柯維深受管理學大師彼得·杜拉克和美國心理治療領域的推手卡爾·羅傑斯（Carl Rogers）的影響。此外，他的博士論文有部分在研究美國自我成長的書籍，這對他的思想見解產生重要的影響。柯維與耶穌基督後期聖徒教會（摩門教）（Church of Jesus Christ of Latter-day Saints〔Mormons〕）有密切關聯，所以有評論者認為，高效能人士的七個習慣可視為後期聖徒的價值觀，只不過去掉了宗教成分，變成普遍適用的版本。

「高效能人士的七個習慣」的關鍵概念

《與成功有約》概述了一系列可提高個人效能、成就感和成功的行為與態度。

一、**主動積極**。包括：自主決定的能力、對某種情況做出最佳回應的能力、掌控你周遭環境的能力。

二、**以終為始**。為了實現目標，專注於與最終目標相關的活動，這有助於你保持專注、避免分心、提高生產力與成功率。

三、**要事第一**。有效的個人管理，包括組織和執行能幫助你實現目標的活動，按優先順序安排，然後採取行動。

四、**雙贏思維**。個人的成功無可避免需要社交技巧和富有成效的人際關係，因為進步和成功往往取決於他人的支持與合作。柯維主張，雙贏基於兩個假設：機會與資源充足，人人有分；成功源於合作而非對抗。

五、**知彼解己**。柯維認為，個人的成功需要理解力、良好的判斷力和清晰的溝通能力。他強調「先診斷，再開處方」的做法。

六、**統合綜效**。柯維認為，要提高個人效率，需要創造性的合作關係。首先理解以下兩個原則：第一，整體大於部分的總和：你可以透過合作達到更大的成就。第二，和他人合作時，需要想辦法善用每個人的優勢。這代表既要看到對方既有的優勢，也要看見他們潛在的貢獻。

七、**不斷更新**。自我覺察、反芻深思和努力維持平衡的生活，都是養成和強化習慣的關鍵。柯維將這種方法稱為「自我更新」（self-renewal），做法是將自己分成四個組成部分——精神、心智、身體和社交／情緒，這四個部分對於維持高效習慣缺一不可。

柯維在二〇〇四年出版《第8個習慣：從成功到卓越》（*The 8th Habit: From Effectiveness to Greatness*），增列了一個高效能人士與成功有約的習慣：發現內在的聲音，並鼓勵他人這麼做。

怎麼應用

這七個習慣之所以在今日仍然適用，是因為它們建立在大家長期以來對什麼是工作高效和工作成就的見解與期望上。同時，這些習慣之所以更容易建立，是因為：它們是目標導向，大家可以根據自身情況加以調整。並且，隨著你持續的承諾與練習，日積月累最終能帶來強大的專業水準與強大的自信心。因為這兩點，讓人感覺這些習慣**不難實現，並非遙不可及**（achievable）。

請考慮在哪些領域應用這七個習慣會讓你獲益最大。

以下是可以反問自己的題目：

一、**主動積極**。你在哪些領域可以更主動積極？是否有你一直迴避的「潛伏問題」（lurker，即令人不愉快，但需要解決的問題）？

二、**以終為始**。你目前的首要任務是什麼？你覺得成功是什麼模樣？當你成功實現目標，會有什麼感受？

三、**要事第一**。為了騰出時間進行更重要的活動，你必須停下目前手邊哪些事情？在知識、行動和想法上，你需要做哪些改變？

四、**雙贏思維**。你是否清楚誰會從你的成就中受益？他們對你的成功投入多少心力與資源？

五、**知彼解己**。你是否明確傳達自己的動機和目標？你給人的印象如何？你對同事的優先事項、目標和留意點了解多少？

六、**統合綜效**。你了解周圍人的優勢，且將他們的優勢發揮到什麼程度？你還可以做什麼來鼓勵和支持他們？

七、**不斷更新**。你是否樂於接受新觀念和新的工作方式？你有多重視自我照顧？你還可以做什麼來支持並維持自己的狀態？

你可以想一想

- 若規律地做什麼新事情，會對你的**個人**生活產生積極的影響？
- 若規律地做什麼新事情，會對你的**工作**生活產生最大的益處？
- 七個習慣中，哪些是你已經在做，但可以做得更頻繁或更好？
- 七個習慣中，哪些習慣可以與他人分享，進而形成集體的習慣？
- 你怎麼做才能實現第八個習慣——發現內在的聲音，並鼓勵他人這麼做？

你可以讀這部經典

Covey, S. R. & Covey, S.（2020）。與成功有約：高效能人士的七個習慣（30週年全新增訂版）（顧淑馨譯）。天下文化。（原著出版於2020年）

第3部

塑造組織的力量：
策略與營運

17 孫子兵法

Sun Tzu's The Art of War

歷久彌新的競爭思維。

綜覽孫子兵法

《孫子兵法》是中國古代著名兵書，據說作者是春秋末年的軍事將領、戰略家和哲學家孫武（通稱孫子）。該書可追溯出自於公元前五世紀，全書共十三章，每章分析一個取得戰爭優勢的戰略，是最重要的戰略著作之一，對世界各地的領導者都發揮了影響力，領域涵蓋軍事思維、商業策術、法律攻防策略、政治、體育、生活方式等。

儘管《孫子兵法》寫於兩千五百多年前，但至今仍備受推崇，因為它的戰略具實用價值。孫子兵法強調必須深入理解敵人和分析衝突的背景（內外部因素）。它還強調因地制宜、隨機應變（適應不斷變化的環境）。兵不厭詐、攻其不備也是取得優勢的重要手段。

《孫子兵法》提供了原則和策略，可以應用在職場的各種情境。例如，收集和分析競爭對手的相關資訊、理解影響企業營運的內外部因素與適應不斷變化的環境等原則，在今天的工作世界依然能引起共鳴。

孫子兵法的關鍵概念

《孫子兵法》的幾個核心概念如下：

擁有明確且務實可行的目標非常重要。孫子強調這點不僅能有效指揮部隊（團隊成員）的行動，也能確保資源有效運用。

重視蒐集和分析資訊，這包括盡可能詳盡蒐集有關敵人（競爭對手）、地形（競爭環境）和衝突發生的背景（商業環境）。他也強調必須分析這些資訊，才能做出明智決策。

看重紀律和團結，確保大家能夠高效合作，並服從指令。

掌握攻擊或防守的適當時機。孫子建議軍事將領根據自身和敵人的優勢與弱點，選擇合適的攻守時機。他還強調為了保持優勢，必須適應不斷變化的情勢。他還重視必須避免不必要的衝突，以及與盟友保持良好的關係，這一點雖然源於兩千六百年前的遠古時代，但仍適用於當今的商業關係與談判領域。

《孫子兵法》當然有它的時代與地點背景，提出的原則和策略當然無法適用於今天所有的文化與環境。它對衝突與勝利的決定論式思維，可能與當今愈來愈重視合作與協作的職場文化脫節。此外，無論是在戰場還是職場，像是優勢、策略和蒐集與分析訊息的能力等因素，或許不足以充分解釋偶然性、對抗不服從行為、不可預測等因素可能造成的影響。

儘管如此，《孫子兵法》仍然是歷久彌新的經典作品，它涵蓋的原則對於希望在競爭環境中脫穎而出的現代企業仍具有實用價值。

怎麼應用

《孫子兵法》的哲學性思維與觀點適用於生活的各個層面，包括商業、政治和體育。我們可透過以下幾種方式將《孫子兵法》的智慧應用於個人生活和職場。

了解自己（及競爭對手）的優勢與劣勢

採取行動之前，務必徹底了解情勢。一個常見的典型例子是應徵新工作：你面臨的挑戰除了展示自己的技能與經驗既符合職缺的要求，也能嘉惠雇主；此外，還得想辦法讓自己與眾不同且讓人留下深刻印象，讓你在求職人選中脫穎而出。

利用戰術與規畫取得優勢

孫子主張，周詳的謀略比單純依靠武力更有效。後者形同讓銷售團隊直接進到市場衝鋒陷陣，僅設定雄心勃勃的目標，卻沒有規畫接觸客戶的策略與方法。團隊合作（尤其是專案團隊的工作模式）正是需要謀略與規畫的情境，因為所有計畫與做法需要所有成員參與討論並達成共識，包括角色分工、時間表、行動計畫和行為準則等，這樣的謀略與規畫有其價值與重要性。

保持靈活與變通能力

這些特質在二十一世紀仍有其重大意義。孫子強調適應環境變動的重要性。例如，面對全球氣候變遷，許多組織正在調整營運方式，希望減少碳排放，這已成為決策的考量因素之一。

追求不戰而勝

最高明的勝利是不需要訴諸暴力或衝突就能皆大歡喜。例如，透過談判提前達成「雙贏」的解決方案（請參閱50，第269頁），讓各方都受益，通常比犧牲他人成就、自己單方「勝利」更為可取。

兵不厭詐，攻其不備取得優勢

掩飾自己的意圖並採取出其不意的策略，可超越對手取得關鍵優勢。廉價航空公司等企業都曾使用過這類「匿蹤」（stealth tactics）的潛伏戰術，先立足「低端市場」，即鎖定未被充分服務的客戶（請參閱27，第149頁）。其他航空公司一開始對這些新加入者不以為意，認為不足為懼，直到他們開始改變市場格局才警覺。

時刻牢記你的目標

清楚了解自己的目標，並集中心力專注實現這些目標。

知道何時撤退

與其冒著失去一切的風險繼續戰鬥，不如撤退重整旗鼓。舉例來說，要小心「沉沒成本的陷阱」，有人會因為已投入大量資源，而無視環境的變化，繼續投入資源。解決辦法是承認損失，停止讓糟糕的情況更惡化，果斷撤退。

時時留意大局

考慮長遠的後果，而不僅留意眼前的利益。領英（LinkedIn）等商務社群網站的崛起就是實例。多數人同意，與人保持聯繫與互動，好處遠超過短期的交易利益 —— 從更長遠的角度來看，人脈關係可以在你整體職涯中發揮作用，甚至當你一開始建立這些連結時，可能都還無法確定它們未來會以何種具體形式對你有所助益。

你可以想一想

- 花時間了解並更新自己優勢和弱點的看法。你還能做什麼來發揮優勢，並將弱點的影響降至最低？
- 你對競爭對手了解多少？你擁有哪些資訊來源，以及多常分析這些資訊？
- 對你或組織而言，「不戰勝」（seek to win without fighting）是什麼模樣？
- 將競爭市場視為戰場，這會如何改變你對策略的看法和態度？

- 你有多擅長從大局分析問題（例如，理解更廣泛的問題、背景、趨勢及其影響），同時又能專注眼前的情勢？

你可以讀這部經典

《孫子兵法》。[2]

2 編按：目前臺灣書市有許多孫子兵法的相關著作，作者標為孫武是原版，同時也有許多後世詮釋、解讀的讀物。

18 藍海策略
Blue Ocean strategy

創造全新、具顛覆性且沒有競爭對手的市場。

綜覽藍海策略

藍海策略是由歐洲工商管理學院（INSEAD）兩位教授金偉燦（Chan Kim）和芮妮．莫伯尼（Renée Mauborgne）提出，策略的核心理念是：企業不應在現有市場與競爭對手直接競爭，而應專注尋找新市場。

支持這種做法的理由不少，但最具說服力的原因不言而喻：在競爭對手進入你創造的新市場之前，你有機會壟斷市場並收割成果。蘋果、Airbnb和亞馬遜等顛覆性與創新企業的崛起就是經典例子。

金偉燦與莫伯尼針對三十個產業、立足一百年多的一百五十個策略性商業行動進行研究，並提出藍海策略。他們的見解最初發表在二〇〇四年出版的《哈佛商業評論》，隨後在二〇〇五年成書出版，書名就叫《藍海策略》（*The Blue Ocean Strategy*）。

藍海策略的關鍵概念

《藍海策略》提出兩種競爭態度：紅海與藍海。當前所有現存產品與服務的市場是由**紅海**（血流成河的戰場）所構成的，這些市場的空間有限（邊界明確）、參與者眾。企業在裡面你爭我奪，希望提高自己的市占率。

相反地，**藍海**是深邃、尚未有人涉足、潛力無限的領域。藍海捨棄傳統的競爭模式，專注開發全新的產品與服務，另闢全新的市場：本質上是開發尚未存在的客戶群。藍海策略的實例包括：

- **廉價航空公司**注意到許多人希望以價廉、有趣的方式旅行，而不想採取昂貴刻板的方式。
- **太陽馬戲團**（Cirque de Soleil），以舞台表演的方式重塑日漸式微的馬戲團演出。
- **串流服務**，例如Spotify與網飛（Netflix），這些平台提供隨選、隨聽、隨看的音樂、播客和影片，成功開發了尚無人競爭的藍海市場。

怎麼應用

藍海策略旨在引導組織開發可以快速成長、提高獲利、競爭極小或沒有競爭的市場。這通常需要轉換思維，並結合以下幾個原則。

轉換思維

金偉燦和莫伯尼強調需要有大膽的思維，勇於挑戰價值和成本的傳統智慧。大多數組織都抱持紅海思維，在價值與成本之間取捨，不是提升價值但增加成本，就是降低成本但犧牲品質。食品零售商和旅館業者就是典型的例子：以低成本提供「實惠」產品，或者提供高成本的「高端」產品。

但是，奉行藍海策略的組織認為不需要這樣取捨。相反地，他們的產品與服務能吸引全新的顧客群，既能創造價值，同時又能降低成本。

作者強調成功邁向藍海思維所需的轉變，如下：

一、**發展藍海思維**。克服行之多年的慣例和思維，可能是最艱鉅的挑戰。在一個成熟的組織內可能特別困難，因為你需要像新創企業一樣思考，捨棄與其他競爭對手爭奪現有的市場，努力闢出新市場。

二、**使用創造市場的工具和見解**。你需要運用正確的實用工具。尤其是得在正確的時間提出正確的問題，並了解答案的重要意義。最好能在一個多元化且互相支持的團隊中合力完成，因為成員可以提供不同的觀點、挑戰傳統觀念，並在彼此的思考基礎上互相激盪。

三、**藍海思維基本上與人有關**。駛入藍色海洋無疑是冒險的行動，等於是航行在未知的航道上。這需要勇氣、信心、相互支持、願意接受挑戰和適應變化等個人特質。

四、其他特質也很重要，特別是**同理心**，即理解同事、客戶和其他人的感受；互相溝通，確保團隊保持動力，讓大家朝同個方向前進；以及學習，確保大家擁有成功所需的信心和能力。

了解技術是助力，而非靈丹妙藥

金偉燦和莫伯尼強調，技術創新鮮少是藍海企業的主要特徵。實際上，藍海企業常會在現有技術的基礎上，重新設計產品、服務或交付方式，等同創造新的產品與服務。

挑戰現有市場的邊界

以全新方式（例如開發新的顧客）拓展市場的邊界。這些顧客可能是尚未獲得服務或未被充分服務的人。

專注於整體布局

思考哪些是重要且需要達成的目標？

將風險降至最低

評估目前業界的做法，決定哪些可以取消、改進、減少（包括簡化與不完全按照現有標準）或首次出現。

謹慎且有創意的執行藍海計畫

希望成功實現藍海策略，需要克服障礙、有能力取得資源和支持，以及保持韌性和全力以赴（儘管你不符傳統的做法受到質疑）。

這裡提供一個有趣的實例。澳洲卡塞拉葡萄酒公司（Casella Wines）推出名為「黃袋鼠」（Yellow Tail）的品牌，這個做法說明藍海策略需要深思熟慮、大刀闊斧才能奏效。黃袋鼠成立於二〇〇一年，鮮為人知的小品牌決定不在傳統的葡萄酒市場上與法國和義大利品牌競爭，轉而在美國開發新的葡萄酒消費族群。它採用不同於知名葡萄酒廠商的行銷方式，提供的葡萄酒平易近人、有趣且容易入口。實際上，它的競爭對手不是其他葡萄酒同業，客戶也並非在社交場合飲用葡萄酒的人，而是啤酒和雞尾酒業者。這個藍海策略奏效，在二〇〇一年，卡塞拉預計黃袋鼠年銷售量為二萬五千箱；至二〇〇五年底，累計總銷量已超過兩千五百萬箱。

你可以想一想

- 你所在的產業，每個人都以相同的方式做什麼？大家都遵循哪些標準化的工作方式、假說和最佳實務？
- 是否存在哪些空白？你的企業在開發新服務或新產品時，可以重新定義哪些產業標準？
- 哪些現有產品或服務可能會讓現有和潛在客戶感到失望或沮喪？而你可以解決這些問題。
- 為了節省成本和（或）時間，哪些產業的標準可以取消或調整？
- 推動藍海策略時，可能會面臨哪些問題？你如何解決？

你可以讀這部經典

Kim, W. C. & Mauborgne, R.（2015）。藍海策略：再創無人競爭的全新市場（增訂版）（黃秀媛、周曉琪譯）。天下文化。（原著出版於2015年）

19 波特的五力分析：競爭策略
Porter's Five Forces: Competitive Strategy

理解市場力量如何決定競爭優勢。

綜覽波特的五力分析

波特五力框架是策略分析工具之一，廣泛用於分析企業和產業面臨的經營環境與競爭力。該框架由麥可．波特（Michael Porter）在一九七九首次發表在《哈佛商業評論》，旨在分析塑造產業的力量和這五力如何影響競爭強度，進而影響企業潛在的獲利能力。

五力框架幫助企業了解競爭格局，特別是影響獲利能力的因素，協助企業制定成功的市場策略。透過理解和應對這些因素，企業可以提升洞察力和競爭優勢，進而增加成功的機率。五力分析框架適用於所有產業和領域，協助制定與執行競爭策略。

波特五力分析的關鍵概念

以下是波特五力的具體內容：

一、新進入者的威脅

代表新公司進入市場並與現有企業競爭的可能性，特別是進入市場門檻較低的情況。如果進入市場所需的時間、資金或其他資源相對較少，或是關鍵技術與其他知識產權並未受到專業保護或容易被模仿，那麼潛在競爭者就可輕易進入市場並削弱你在市場的地位。

二、買方的議價能力

是指顧客議價或要求更高品質產品與服務的能力。如果你的買家數量相對較少，而且買方可選擇的供應商多；或是儘管客戶不少，但你的營收中很大比例依賴少數幾個買家（例如，二〇%的買家貢獻了八〇%的收入），那麼買家的議價能力通常會很強。反之，如果你的客戶多，競爭對手相對少，那麼買家的議價能力就會降低。

三、供應商的議價能力

指的是供應商在議價時，向買方要求更好的交易條件或降低其產品品質的能力。如果供應商數量較少，而你又非常依賴他們，對方的地位會更強勢，對你的業務和獲利能力的影響力也更大。近來全世界都見證了能源供應商的議價能力：他們提高售價，增加自身的獲利；反觀無法將能源成本轉嫁給顧客的企業，獲利則被壓縮。

四、替代選項的威脅

這指的是市場上是否存在可以替代公司產品或服務的選項。簡言之，顧客是否可能找到更便宜、更優質或兩者兼具的產品與服務。這種情況最常發生在顧客發現他們很容易轉換到其他產品，或市場出現更新、更有吸引力的產品時。例如，由於能源成本上升，許多消費者因氣炸鍋較省電而被吸引，氣炸鍋漸漸成為許多家庭裡傳統烤箱的替代選項。

五、市場內現有參與者之間的競爭

指的是市場內現有企業之間的競爭程度。在競爭激烈的市場，競爭者可能透過大幅降價、提供特別優惠或透過強而有力的行銷活動瓜分客戶。相反地，如果競爭對手有限，你的競爭力和獲利能力將會更強。例如，在高端精品服裝市場，競爭通常並不激烈。

波特五力框架已被證明是實用的診斷工具，能幫助企業評估它們在市場的競爭地位，並制定改善競爭力的策略。例如，你可以想辦法降低新進入者的威脅、改善買方或供應商的議價能力，以及開發不易受替代品影響的新產品或服務。你還可以探索如何與競爭對手區隔，同時創造獨特的價值主張，讓你的企業與眾不同。

怎麼應用

以下是使用五力框架時需要考慮的事項：

將框架應用到實務中

◆ **確認產業裡的關鍵角色**

這應包括競爭者、買方、供應商與潛在的新進入者。

◆ **深入挖掘**

仔細評估影響競爭力的因素，包括影響因素的類型與涵蓋範圍。例如：進入障礙、買方與供應商的議價能力、替代選項的可用性、智慧財產權保護，以及現有參與者之間的競爭強度。依次確定每種力量如何影響公司的競爭地位，以及每種力量的規模和影響程度。這種影響可能是正面的（加強競爭地位）、負面的或可忽略不計的。

◆ **使用這些資訊**

了解整體情況後，接下來的挑戰是如何利用這些資訊改善公司的競爭地位。

一個經典案例是日本科技公司佳能（Canon），這個後起之秀如何系統性的削弱市場領導者的競爭力，進而顛覆市場。長期以來，影印機市場由美國公司全錄（Xerox）主導，該公司在一九六〇年代發明了影印機。全錄的大型影印機價格昂貴，需要定期維修（這可替公司創造穩定的額外收入）；這些能夠大量影印文件的機器需透過經銷商販售給客戶，但經銷商需與全錄簽訂長期合約。

佳能是市場的新進者，透過以下方式顛覆市場：設計了高度可靠的影印機；將更換零件模組化，讓客戶可以自行更換零件；簡化設計，讓經銷商接受培訓後，可自行進行維修。佳能影印機的價格也適合各種規模的組織，甚至能滿足單張影印的需求。這些策略代表全錄無法繼續維持其競爭優勢。

採用更廣闊的視角

使用波特的五力框架需注意幾個潛在風險。和這個框架本身一樣，這些風險應該與所在產業的具體情況相結合，然後妥善運用。以下幾點考慮因素有所幫助。

◆ 考慮所有外部因素

波特的五力框架著重於某個時間點（通常是現在）的內部產業動態。然而，許多外部因素可能在不久的將來影響這五力，例如經濟狀況、監管法規更改和技術進步，所以在制定競爭策略時，應該考慮這些因素。

◆ 考慮其他利害關係人的影響力

除了競爭對手、買方、供應商和潛在的新進者之外，還有其他利害關係人，例如員工、投資人和當地社區等，也會影響公司的競爭地位。制定競爭策略時，必須考慮這些利害關係人的觀點和利益。

◆ 確保分析是最新的

隨著市場和產業的發展與演進，波特五力的強度和相對重要性也會改變。為保持競爭力，定期重新評估並根據需要調整策略非常重要。

管理學知名作家莉塔・岡瑟・麥奎斯（Rita Gunther McGrath）認為，波特的五力架構已過時且不完整。她在《瞬時競爭策略：快經濟時代的新常態》（*The End of Competitive Advantage: How to Keep Your Strategy Moving as Fast as Your Business*）一書中提出瞬時競爭優勢的概念。對她來說，領導者與企業應該快速抓住機遇並利用，然後在新的機遇開始成為負債之前，轉向擁抱新機會。

細節決定成敗：重要的是每家企業的具體情況、競爭對手的特質、產品的優勢和吸引力持久與否、品牌形象、領導力、未來計畫、資源，以及其他諸多因素。波特的五力分析架構揭露了這些影響力的存在，包括影響力是什麼？作用在哪裡？以及有何重要性？在許多快速發展的產業中，麥奎斯的方法可能更相關。但對許多組織而言，波特的五力框架仍是強而有力且備受推崇的工具，可納入更廣泛的策略規畫流程。

你可以想一想

- 你的市場對價格有多敏感？
- 你的組織與對手的競爭程度有多激烈？
- 你的獲利能力是否受到買家或供應商議價能力的影響？如果是，你可以採取哪些行動減輕這種影響？
- 客戶對你所提供的產品或服務是否有哪些替代選擇？
- 你如何提高產品或服務對客戶的價值，進而取得競爭優勢和（或）調高價格？

你可以讀這部經典

Porter, E. M.（2019）。競爭策略：產業環境及競爭者分析（周旭華譯）。天下文化。（原著出版於1998年）

20 商業模式圖
The Business Model Canvas, BMC

簡單的策略規畫流程。

綜覽商業模式圖

由亞歷山大・奧斯特瓦爾德（Alexander Osterwalder）提出的商業模式圖是一種策略管理工具，提供用於描述、分析和設計商業模式的可視化框架。此工具首次出現在奧斯特瓦爾德和伊夫・比紐赫（Yves Pigneur）合著的《獲利世代：自己動手，畫出你的商業模式》（*Business Model Generation*）。

此書介紹了這個概念後，兩位作者免費讓大家使用這個概念，希望鼓勵創業人士、新創公司和企業使用商業模式圖，不僅能因此開發和迭代商業構想，也透過這個清楚簡潔的框架理解商業模式。

自此書出版以來，眾多實業家和商業領袖利用這個商業模式圖腦力激盪、繪製與迭代商業構想。這個工具的優勢之一是廣泛的適用性：無論是大型企業，還是小型新創公司皆可使用。由於商業模式圖的可視化特性，讓原本複雜的商業模式一目了然，有助於團隊成員理解、合作和溝通。作為實用工具，它幫助企業明白部門之間彼此要做哪些潛在的取捨、如何能更有效配合，確保大家的行動朝一致的目標前進。

商業模式圖的關鍵概念

傳統的商業計畫書往往過於冗長且複雜，因此不易快速掌握策略的核心要素。商業模式圖提供了實用且可視化的框架，有助於理解、設計和創新商業模式與商業計畫，特別適用於新產品和新提案。

如圖表5所示，商業模式圖將組織分為九個關鍵單元，大幅簡化了策略規畫流程，並協助大家專注於這九個邁向成功的核心要素。

或許與一般人的直覺相反，奧斯特瓦爾德建議大家從右至左使用九宮格，即從顧客區塊開始：

一、**客群區隔**：組織希望服務的顧客群有哪些類型。

二、**顧客關係**：組織將與細分的客群建立哪種類型的關係，例如從個人助理乃至自助服務等。

三、**通路**：組織如何溝通、接觸目標客群，成功實現組織的價值主張。

圖表5：商業模式圖

為誰設計：	由誰設計：	日期：　版本：
關鍵合作夥伴	價值主張	顧客關係
關鍵資源	通路	客群區隔
關鍵活動	成本結構	收益流

四、**價值主張（賣點）**：組織能提供目標客群的獨特價值或利益。

五、**收益流**：你如何從每種客群創造收入來源，例如銷售產品、收租用費、訂閱費或授權金。

六、**關鍵活動**：是指為了讓商業模式成功運作，實現你的價值主張，接觸到目標客群及維繫顧客關係，你必須做的最重要事情。

七、**關鍵資源**：讓商業模式成功運作所需的最重要資產，包括實體資源、智慧資源、人力資源及財務資源。

八、**關鍵合作夥伴**：讓業務模式成功運作所需的供應商及合作夥伴。這些合作夥伴可優化營運、降低風險或取得資源。

九、**成本結構**：商業模式成功運作所需的成本，包括：固定成本（如場所租金、員工薪資）和可變成本（如行銷費、差旅費）。

怎麼應用

商業模式圖是創意思考工作坊的理想工具，可讓公司上下的與會者一起探討想法並分享意見。特別適用於新創企業或希望開發新產品的大型組織。

正式開始之前，先將焦點放在某個點子上，這個點子可能是個問題，例如如何向目標客群提供更好的服務？怎麼做才能讓目標客群更加忠誠？如何滲透新市場？如何利用現有技術開發新產品？

產生想法

首先，使用有創意及合作的方式，開發新的點子與構想。確定潛在客群、價值主張和收益流。

畫出九宮格

使用商業模式圖記錄形成的想法與點子。盡可能詳細填寫九個要素的內容。

可視化

在實體白板上或使用軟體工具，將商業模式圖可視化。可視化版本可幫助大家理解，九宮格上不同要素之間的關係。

驗證與測試

根據九宮格，打造最小可行性產品（Minimum Viable Product, MVP）。這可以是原型、陽春版的產品或服務方案。

使用MVP測試你對潛在客群、價值主張和通路的假說。收集真實用戶的反饋，用以驗證或推翻你的假說。

迭代

根據反饋，對商業模式圖進行迭代。如果反饋顯示不符預期，必須對九宮格和商業模式進行重大變更或調整。

執行商業模式與擴展業務

- **資源分配**：根據九宮格分配關鍵資源和行動，可能需要聘僱特定的人才、投資某項技術或建立合作夥伴關係。
- **行銷與銷售**：制定與通路、顧客關係和價值主張相符的行銷策略與銷售技巧。
- **創造收入**：實現你的收益流，可能包括成立線上銷售平台、提供訂閱服務或其他產生收入的方式。
- **擴展業務**：隨著業務成長，你得持續檢視商業模式圖。擴展業務可能需要對關鍵資源、行動或合作夥伴進行調整。

追蹤與調整

- **績效指標**：定義與九宮格核心要素相關的關鍵績效指標（key performance indicators, KPIs〔請參閱39，第212頁〕）。追蹤這些指標，評估商業模式的進展與表現。
- **反饋迴路**：與客群、員工和利益相關人士保持反饋迴路。他們定期的反饋可以幫助你發現需要改進的地方。

- **持續調整**：市場會出現變化、技術會推陳出新、客戶的偏好捉摸不定，所以需定期檢視九宮格，尤其是面臨商業環境出現重大變化時。

溝通

- **內部溝通**：使用九宮格能讓團隊有一致的方向與目標，九宮格提供大家在交流時有共同的語言，協助大家理解商業模式內容。
- **外部溝通**：尋找投資人或合作夥伴時，使用九宮格可以清晰簡潔地向潛在投資人或合作夥伴解釋你的商業模式。

值得注意的是，畫出商業模式圖不應被視為單次性活動；九宮格是有生命力的活檔案，必須隨著你的業務發展，從市場累積的所學，定期更新和調整。定期評估與調整九宮格內容，能確保你的商業模式在面對變動的環境和市場需求時，保持相關性和有效性。

你可以想一想

- 什麼想法或創新能從商業模式圖中受益？
- 你的產品策略或商業計畫是否清楚劃分了每個推動成功的要素？
- 你的商業模式圖代表什麼意義？例如，是否需要加強品牌形象，聘僱特定技能的人才或更多或更好的經銷商？有哪些質化影響？
- 你希望與顧客建立何種關係？你將使用何種通路接觸顧客？
- 有哪些不同的方式可以創造收益流？你需要考慮哪些主要成本？

你可以讀這部經典

Osterwalder, A. & Pigneur, Y.（2012）。獲利時代：自己動手，畫出你的商業模式（尤傳莉譯）。早安財經。（原著出版於2010年）

21 SWOT與PEST分析
SWOT and PEST Analysis

了解背景與全局。

綜覽SWOT與PEST分析

SWOT分析是一種框架，可協助組織辨識自身（內部）業務或產品的優勢（strength）與劣勢（weakness），以及外部環境的機會（opportunity）與威脅（threat）。它最早可追溯到一九六〇年代策略規畫蔚為風潮時。一九六五年，史丹佛研究所（SRI，現通稱為SRI International）的長期規畫服務部（Long Range Planning Service）三位研究員羅伯特・史都華（Robert Stewart）、歐提斯・班內普（Otis Benepe）和阿諾・米契爾（Arnold Mitchell）撰寫了一份報告，描述管理層如何將營運分成四部分評估：目前營運中「令人滿意」的部分、未來營運潛在或已知的「機會」、目前營運的「缺失」，以及未來營運潛在或已知的「威脅」。到一九六〇年代末左右，SWOT專有名詞代表的四個層面已廣泛出現在各種有關策略規畫的刊物，也在講座中被廣泛引用，進而成為職場常用的術語之一。

SWOT成為策略分析工具，評估組織內部能力和這些能力如何影響策略的方向。

PEST分析框架由哈佛商學院的學者法蘭西斯・艾吉拉（Francis Aguilar）在一九六七年提出，主要針對可能影響策略的外部因素。PEST是分析外部環境的架構，可協助企業深入研究影響營運的大環境。艾吉拉主張，公司必須密切留意政治（political）、經濟（economic）、社會文化（sociocultural）和技術（technological）這四大問題（PEST），因為這些因素會對策略產生深遠而決定性的影響。無論你是在評估現有產品／服務的未來發展，還是考慮大幅擴張進軍新領域，這兩個框架相輔相成，並且無論規模大小，都能為策略思考提供基礎和分析框架。

SWOT與PEST分析的關鍵概念

SWOT和PEST這兩個工具能幫助組織評估，哪些關鍵因素與力量會對產品或組織未來發展產生重大影響。SWOT也可用於幫助個人確認並規畫個人目標。它們除了是有用的工具之外，還有更廣泛的價值，因為可作為評估現狀、檢討過去和規畫未來等流程的一部分，確保執行這些過程時能考慮到內部和外部因素，以及當前正在發展的趨勢與力量。正是這種評估未來並平衡外部、內部和當前問題的能力，讓這兩個工具在面臨經濟機遇、挑戰和變革時，都禁得起考驗。

有趣的是，它們的優點、多重功能和受歡迎的吸引力也正是潛在的弱點：這些工具簡單、準備時間又短 —— 通常只需開一次會就可搞定。儘管它們對於刺激討論和催生想法非常有用，但嚴謹性可能不足，而且每次分析結果的好壞取決於參與者的知識水準。再者，SWOT和PEST是獨立的工具，因此一旦形成想法後，並沒有後續的執行步驟或要求將這些想法反映（融入）在更廣泛的策略規畫過程。不過，只要它們不是被獨立使用，這些分析工具仍可以為規畫和行動提供有用的跳板。

怎麼應用

進行SWOT分析

完成和進行有效的SWOT分析有幾個步驟，首先要做的是確定SWOT的分析對象或主題。可以是整體組織、單獨的團隊或部門、一項產品或服務。

在分析的過程中，從宏觀面層層深入到微觀面可能會非常有用。

◆ 準備一張空白的2x2網格

從一張空白的網格開始，如圖表6所示。為優勢、劣勢、機會和威脅各指定一個象限。優勢和劣勢聚焦在內部因素；機會和威脅則留意外部環境。進行SWOT分析時，需要仔細思考並列出與每個象限相關的因素。值得注意的是，有些因素可能不會只局限在單一象限裡。例如，看似威脅的事物（如新技術）也可能代表潛在的機會，或是突顯能力上的劣勢。

◆ 了解優勢

想想組織或產品有哪些優勢。對於組織而言，優勢可能是員工、產品、客戶忠誠度、流程或地點。相較於競爭對手，評估組織表現出色之處。

◆ 認清劣勢

客觀審視業務涵蓋的各個層面。自問是否可以進一步改善產品和服務，以及如何改善。嘗試找出任何專業領域不足之處。列出劣勢時，要盡可能誠實。有時從外人的角度評估劣勢有幫助，因為自己的看法不一定與現實相符。準備好接受你可能不喜歡聽到的意見，避免防禦態度。

◆ 辨識機會

接下來，辨識外部環境創造的有利機會，通常包括：新市場、新技術、新產品與新服務、現有產品與服務的升級版、產品停產或服務終止、策略夥伴關係、合資企業、撤資、新投資、競爭對手的表現、新供應商、商業協議、政治局勢、經濟發展、監管法規與貿易發展。

◆ 注意威脅

想想現實中可能發生的最壞情況，例如失去最大的客戶或出現比自己更好的新產品。

圖表6：SWOT 分析圖模板

	有助於達成目標	不利於達成目標
內部因素	**優勢**	**劣勢**
外部因素	**機會**	**威脅**

威脅種類繁多，包括勞工行動（如罷工）、政治環境和法規問題；經濟問題、人才荒和就業問題；貿易限制或中斷；來自競爭者和新進者（包括破壞者）的創新；成本和價格波動；社會和環境因素；自然災害、危機和安全問題；供應鏈挑戰、配送和交貨問題；壞帳；人口結構改變和影響客戶品味或習慣的社會變化。

◆ 如何使用SWOT分析

完成SWOT分析後，深思你所獲得的資訊，討論和確定優先事項。如此一來在更廣泛的策略規畫過程中，就有框架可以整合。確認的機會可能變成策略目標；為了達成這些目標並實現機會，你需要解決SWOT分析突顯的劣勢和威脅。

不過也要提防SWOT分析的陷阱，包括：只留意少數幾個問題；單獨完成SWOT分析或意見不夠多元；小看或低估劣勢與威脅；長期重複使用同個分析。SWOT分析需要定期檢討和更新，才能確保相關性和實用性。

向外尋找機會：使用PEST分析

PEST是簡單的框架，協助你分析制定的策略和計畫是否考慮到外部因素，可與SWOT分析一起使用。

與SWOT分析一樣，最好的做法是討論，然後將外部問題分別置於PEST四個類別的欄位裡。依序深思每個問題，尋找可利用的機會，減少外部威脅和營運方式改變（例如有新的監管法規或稅制）造成的衝擊，並確定優先順序，讓關鍵機會發揮最大的潛能。PEST分析的四個因素：

◆ 政治

考慮可能影響你公司的政策，從地方、中央乃至國際層級 —— 涵蓋地方議會、中央政府到跨國機構和制度。例如，重要立法或法規變更對你的公司有何影響？最近，各行各業的組織都必須正視減碳的立法。勞動法和最低工資的變更也會影響所有組織。

◆ 經濟

下一個需要留意的領域是當前和潛在的金融問題，例如消費者支出、稅制、金融法規、利率、貨幣市場和影響勞動市場的問題（如移民）。

◆ 社會

了解發展中的社會趨勢對維持成功不墜非常重要。關鍵的社會問題包括：人口結構的變化、對經濟的信心（即消費者信心）、民眾的價值觀、時尚的變化，以及選擇商業合作夥伴的標準或偏好。

◆ 技術

新技術幫助組織進行許多改革 —— 既創造機會（如降低成本、提高服務品質和加速交付速度），也帶來威脅（如具破壞性的新競爭對手）。無法逃避的事實是：未能跟上新技術發展速度的組織，將面臨跟不上時代、被競爭對手超前與淘汰的風險。你也許還考慮使用PEST分析的幾個成功變體版，例如PESTLE，它增加了法律（legal）和環境（environment）兩個因素。你可以加入更多相關的因素，讓分析更全面。

你可以想一想

- 你的組織或團隊是否會因為進行新一輪的SWOT與PEST分析而受益？
- 你如何將分析融入思考（決策）、規畫（行動）和評估（成效）裡？
- 想想你是否傾向於依賴假設或過時的策略分析？若是，該如何解決？
- 你和同事對於外部環境的相關變化有多了解？如何進一步了解？
- SWOT分析對個人也是實用的自我發展工具。因此，你自己最大的優勢、弱勢、機會和威脅（或職業挑戰）是什麼？

你可以上這個網頁

觀看Mind Tools製作的影片「如何使用SWOT分析」（How to use SWOT analysis），或試著為關鍵產品或你領導的團隊進行SWOT分析。

22 三葉草組織 The Shamrock Organisation

建構最具彈性的組織結構。

綜覽三葉草組織

查爾斯・韓第（Charles Handy）是管理思想大師、商學院教授和作家，在商業和管理領域著述甚豐。他在《非理性的年代》（*The Age of Unreason*）書中提出三葉草（酢醬草）的組織概念，堪稱是他最為人知的理論之一。

三葉草概念挑戰層級分明的傳統組織結構，後者的特徵包括：明確的角色與職責分工、集中的決策機制（由少數幾個人做出決策）。雖然層級分明的結構可能效率與效益都不錯，但韓第認為，這種結構往往缺乏靈活性，對變化的反應速度也較慢。

相比之下，三葉草組織屬於混合型組織結構，結合了傳統層級分明結構的元素，與更靈活、較不制式化的工作方式。

韓第提出的三葉草組織為企業提供一種高效、靈活且能適應不斷變化的營運模式。三葉草的三片葉子設計，協助企業落實新的工作方式，不僅能快速適應外界變化、降低固定成本、專注核心能力，同時能根據需要善用外部資源。

三葉草組織的概念在管理領域影響深遠，幫助許多企業重新思考組織結構與策略。

三葉草組織的關鍵概念

三葉草組織由三個部分構成。

第一片葉子代表**穩定的核心員工**，負責核心業務（如財務、人力資源和法務），以及高階管理人員和專業人士。這些核心員工為組織提供穩定性和方向，通常具備層級分明和中心化等特點。

另外兩片葉子則代表組織中較靈活與動態的部分，能夠迅速因應市場變化並掌握新機遇。

第二片葉子由**約聘員工**組成，包括承攬外包業務的自雇承包商或顧問，按專案聘用。相較於核心員工，他們的組織形式較鬆散、較無層級之別、團隊更精簡，通常根據目標或專案配置人力，而非依部門與職別。

第三片葉子，根據韓第的定義，由**非核心員工**組成，是組織裡人數最多的勞動力，負責例行、但通常必要的工作。他們的工作量會隨淡旺季或業務量多寡而波動，通常職涯發展或晉升機會有限。

以沃爾瑪（Wal-Mart）、家樂福（Carrefour）、特易購（Tesco）和亞馬遜等零售商為例。高階管理層負責制定策略和主持業務，財務、採購、人力資源、資訊科技或法務部門職員則屬於穩定的核心員工。品牌管理、行銷、產品發布會、資訊科技產品開發或硬體設施管理等業務則雇用約聘（外包）員工或顧問，但這類業務通常是為了完成某個專案，屬臨時性質。負責補貨、處理銷售訂單或配送商品的員工，則屬於非核心的外圍員工，儘管他們不可或缺。

三葉草結構打造靈活且高效的組織，包括：核心的必要全職員工、非核心的暫時性員工和約聘工，以及外包業務給其他承包商。例如，組織通常會將設施管理或員工薪資等行政業務外包給其他公司或人員。專案團隊可能會根據需要，向外招募專業人才（可能是自由工作者，以定期契約型式聘僱），藉此提高專案團隊的專業能力。一家營造公司可能會將多個專案外包給不同的承包商，而一家零售公司可能會在假期前的旺季增聘臨時工。

韓第的三葉草組織挑戰了傳統層級分明的結構，為我們打開思考的一扇門，開始思考是否有更靈活的組織結構，特別是根據需要進行擴編或縮編。傳統的層級分明結構不得不逐漸式微，變得更鬆散與靈活。這嘉惠了專業員工，因為他們能夠靈活地選擇發揮專業的方式和時間，但對於許多人來說，這也構成了挑戰，因為他們幾乎沒有選擇，只能在多半沒有工作保障的「零工經濟」（gig economy）時代辛苦求生。

然而，這種擺脫層級分明結構的趨勢似乎無減弱的跡象。例如，許多團隊已經放棄以部門或產品為主的組織方式，轉而擁抱更大的自主性，並專注在客戶、市場和通路。

韓第的三葉草組織不僅一如預期的改變組織的結構，也衍生幾個類似的變體。

矩陣結構（matrix structures）模式下，員工既向部門經理報告，也向產品經理報告，所以不會僅向單一主管報告。這樣的結構可以提高靈活性，也能夠快速因應外界的變化。

網絡結構（network structures）則依賴與其他組織建立合作夥伴關係，一起實現目標，這種結構也愈來愈流行。例如，宅配服務的興起是明顯的例子，在這模式下，零售商、餐廳與物流配送公司建立夥伴關係，共同為顧客服務。

此外，**扁平式組織結構**（flat organisational structures）也愈來愈普遍，這結構通常會減少管理階層，並且下放決策權。如何在僵化的階層結構與較靈活的結構兩者之間權衡取捨，可能充滿挑戰。若你選擇更大的靈活度和自主性，代價可能是流程變得更複雜：團隊之間協調的難度變大、品質和效率可能受到影響、溝通可能更棘手。試著想像，分散在全球各地的遠距團隊，平常透過Zoom進行視訊會議的場景。再者，有些人因為要向不同的主管彙報，可能會感到忠誠衝突或兩難，也更難吸引和留住人才。

歸根結底，哪個組織結構最適合，取決於你的具體目標和處境。三葉草結構可當成評估選項，幫助你找到最符合自己需求的結構。

怎麼應用

韓第的三葉草組織非常實用，幫助你思考如何設計組織結構（organizational design），以及哪些領域或流程可以變得更有效率。組織要如何在核心元素和其他組成元素之間找到平衡，是持續的挑戰。

例如，一家位於美國的顧問公司可能面臨以下挑戰：哪些工作應該由美國總公司直接處理；哪些工作可以受益於外部（非在地）的專業人才；哪些工作可以分配給特定的、臨時的專案團隊。擁有更靈活的解決方案，可以隨環境變化而調整，才能提升企業的應變能力，適應不斷變化的市場與條件。

如果你認為三葉草結構或許適合你，建議考慮以下幾點。

確定哪些關鍵部門（職責）應由穩定的核心元素負責

可能包括：財務管理、人力資源、資訊科技、法務與合規管理部門。

確定哪些業務較靈活和動態，可以外包和委託顧問處理

這些業務可能包括：研發、行銷和客戶服務。這些業務通常涉及不同類型的雇用關係，以兼職、臨時工和彈性的工作安排。

建立系統和作業流程，讓結構發揮功能

為組織每個業務與部門確立清晰的角色和職責，確保核心、約聘和外圍員工三葉之間能有效溝通與協作。實踐三葉草組織模型需要審慎規畫，且需要員工願意接受改變，適應不同的情況。這可能是複雜且充滿挑戰的過程，但顯而易見的好處是，面對變化時，具備彈性與靈活度。

你可以想一想

- 思考實施三葉草組織模型的好處與挑戰。
- 如何利用三葉草組織模型，鼓勵創新與創造力？
- 如何活用三葉草組織模型，提升公司效率與靈活度？
- 實施三葉草組織模型的潛在陷阱是什麼？如何避免？
- 如何整合三葉草組織模型，讓它符合公司的具體需求和情況？

你可以讀這部經典

Handy, C.（1991）。非理性的時代（吳美真譯）。聯經。（原著出版於1991年）

23 改善與業務流程改造
Kaizen and Business Process Re-engineering

如何在期望愈來愈高的世界，提升能力？

綜覽「改善與業務流程改造」

一九八〇年代至九〇年代初，幾個看似無關的力量和發展趨勢匯聚，鞭策企業致力提高品質與服務，並降低成本。

其中許多想法源自日本，受到日本產業崛起與旺盛的創新力啟發，激勵西方國家積極向日本借鏡，渴望複製日本的經濟成長和成功模式。與此同時，全球化、日益激烈的市場競爭、消費者對品質要求日益提升，以及科技賦能（enabling technology）效應等因素，創造了有利的沃土與環境，催生出各種提高效率及協助企業改善的新想法。

其中最重要的結果之一是「全面品質管理」（total quality management, TQM）的普及。作者丹．西恩帕（Dan Ciampa）在一九九二年把TQM定義為，在整體組織內「形成並維持這種氛圍，在這種氛圍薰陶下，員工不斷提升能力，提供客戶認為具有特殊價值的隨選產品和服務」。

TQM有兩個最重要的組成元素：**持續改善**（kaizen）與**業務流程改造**（business process re-engineering, BPR）。前者是日本產業的做法，藉由逐步改變、確保持續改善；後者則側重工作流程和業務流程的分析與設計，重新思考營運方式，進而改善客戶服務、降低營運成本並提高競爭力。

「改善與業務流程改造」的關鍵概念

持續改善

改善是小幅、逐步且持續改進業務流程。最初由日本管理顧問今井正明（Masaaki Imai）在一九八〇年代所倡議推廣。改善的重點是讓每個層級的所有員工都參與改善流程，最終提升整體組織的品質。尤其值得注意的是，改善觀點認為，實際操作流程的人最了解哪些地方可以進行小幅改變。這點不僅削弱層級管理的必要性，更重要的是，能發掘大量的人才、知識和創新想法。

藉由鼓勵每個人都參與品質改進流程，影響所及，強化了團隊合作、榮譽感和共同的責任感，讓員工充滿動力，朝相同的目標努力。

業務流程改造

麻省理工學院（MIT）教授兼工程師麥可．韓默（Michael Hammer）與工程師兼顧問詹姆士．錢辟（James Champy）共同提出業務流程改造的概念。他們對改造的定義是：「針對業務流程，從頭到尾全盤重新思考，並徹底翻新改造，希望成本、品質、服務和速度等關鍵表現指標都能獲得顯著改善。」

業務流程改造包含三個獨立要素：

一、**業務流程改進**：強調針對組織各個業務活動進行小幅且穩定的改進。

二、**業務流程重新設計**：採用與「改善」類似的技術，但更看重實現顯著的階段性改變，而非漸進式改善。為了達成目標，BPR側重改善跨部門的流程，並不斷詢問：「是否應該執行這個流程？」

三、**流程改造**：進行徹底、全盤的改造，實現績效大幅提升的目標，例如將開發和生產週期的時間縮短四〇%，成功超越競爭對手。

近年來，TQM和BPR飽受批評，因為它們強調流程和理性，卻犧牲了彈性、敏捷性和應變能力。例如，新冠肺炎大流行期間被廣泛報導的供應鏈斷鏈問題，就被認為是過度追求效率而犧牲必要緩衝（彈性）的典型例子。同理，也有人認為，過於執著效率代表員工沒有充分時間思考、創造和創新，反倒對組織有害。

另一方面，從更積極的角度看待TQM和BPR，由於它們先是在製造業實踐，繼而是組織的各個層面都取得顯著的品質改善，因此大家開始密切留意組織該如何定期檢討並改善作業效率和生產力。一如往常，組織需要在理性效率與敏捷應變兩端之間找到平衡點。

怎麼應用

成功實現改善

改善的起點基本而簡單：必須消除所有錯誤，如果錯誤確實發生了，應該分析並理解問題出在哪裡，防止錯誤再次發生。這需要對改善的價值做出不懈的承諾，並採取以下幾個實際步驟：

- 鼓勵執行任務或活動的人提出改善建議。
- 目標是希望達成漸進且持續的改善，而非大規模的改造。
- 充分利用數據和其他適當的指標評估改善的情況。
- 建立正式的反饋系統，如成立改善小組，確保能持續溝通和檢討。

當然，改善也有挑戰和局限。它全面處理問題的做法（從高層到基層全體員工參與）可能導致掩蓋亟需專家在特定領域的專業貢獻。而個別員工可能會需要不斷思考改善方法而備感壓力。但是如果能讓員工在獲得支援和面臨挑戰之間取得平衡，確保壓力不會變成負擔，那麼讓員工參與改善流程，有助於激發他們的潛力和參與感。

改造業務流程

任何人計畫進行流程改造時，都會面臨四個階段，依序是：

準備、流程創新與設計、實施、評估。改造工程成功與否端賴是否深入處理每個階段、充分利用多元的意見、實際參與，以及挹注各種想法和支援。

◆ 第一階段 準備

第一階段的主要工作包括：定義目標、訓練和發展團隊、繪製整體流程模型（包括子流程）、定義客戶需求、了解業務需求、概述潛在的突破點、需要重點留意的領域，以及擬定目標。

◆ 第二階段 流程創新與設計

這階段著重於如何改善或重振組織的流程和工作方式。這階段需要大膽、激進的思維，並涵蓋多項活動：願景規畫；利用科技改善工作方式，提高效率並降低成本；進行成本效益分析；溝通、鼓勵員工參與並為變革做好準備；規畫實施方案。

◆ 第三階段 實施

要讓變革生效，在實際操作發揮作用，需要試行建議的變革；為實施過程設定目標；以及培訓和動員人力達成預期的目標。

◆ 第四階段 評估

這階段主要是進行調整，以及鞏固與強化見效的成果 —— 保持已取得的成果，內化為組織或團隊的一部分。

許多外科手術團隊每次手術後會例行檢討手術的每個環節；軍事單位在

演習或部署後會評估成功之處及實際和潛在的弱點；作業流程複雜的產業（如汽車製造業和營造業）也會定期檢視績效與表現，以便有效調整。

但支撐BPR的思維也可以簡單地用於檢討簡報、提案會議上，如評估你當時想要達成的目標、哪些地方做得不錯，以及未來哪些地方可以繼續改善和修正。

你可以想一想

- 你目前實施哪些改善流程？
- 你的組織會從逐步改變工作流程中受益？還是需要更激進、全面的重新思考流程？
- 哪些流程最令你沮喪？
- 你可以向其他組織學到什麼？
- 你的組織裡哪些人最渴望改變和改進？你可以做什麼來幫助他們？

你可以讀這部經典

Deming, E. (2012). *The Essential Deming: Leadership Principles*. McGraw-Hill Education.（目前無繁體中文譯本）

24 系統思考與關鍵路徑
Systems Thinking and the Critical Path

理解複雜系統及其互動關係。

綜覽「系統思考與關鍵路徑」

系統思考（systems thinking）是將組織視為系統一部分的觀點，此系統包括輸入和輸出，例如提供原料的供應鏈（輸入）、提供客戶產品與服務（輸出），以及組織內部負責輸入與輸出作業的各部門。系統思考會分析一系統內不同組成部分之間的關係與連結，而非僅留意個別。系統思考讓你了解系統中某一部分的變化如何影響其他部分，以及系統如何隨時間而演變。

關鍵路徑（critical path）在於確認流程中最重要的任務或活動，並敲定完成該流程的最有效路徑。關鍵路徑必須繪出需要完成的所有任務，然後找出任務之間的依賴關係（即任務發生的順序）。透過關鍵路徑，組織可以確定哪些是最重要的任務，並據此分配資源。

結合系統思考和關鍵路徑可以幫助你了解複雜的連結和依賴關係；這一切都是為了充分利用資源和作業流程，希望能以更有效的方式實現目標。此外，它還有助於預測和降低潛在風險，以及適應不斷變化的環境。

系統思考和關鍵路徑也可用於分析和優化複雜的企業營運，例如供應鏈管理、製造和客戶服務。它們還可用來改善組織結構、塑造企業文化、找出並解決導致瓶頸或效率不佳的元兇。

「系統思考與關鍵路徑」的關鍵概念

系統思考有六個關鍵要素。

一、**整體視角**。考慮整個系統及系統裡各個部分和元素之間的互動關係。

二、**反饋迴路**。了解系統內的反饋迴路及其如何影響系統的行為和演進。反饋迴路是根據因果關係形成的。例如，改變客戶服務中心處理客戶來電的方式，可能會形成反饋迴路，進而減少或增加該中心接到後續電話的次數。

三、**湧現**。複雜系統可能會出現突然湧現的行為，因此整個系統的行為不見得可以透過個別部分的行為所預測。這雖然是抽象的概念，但可應用到金融市場，例如一家公司的財務表現可能會對整個產業的表現產生正面或負面的影響。在極端情況下，財務表現不佳可能會導致投資人恐慌，拋售所有產業的股票，造成股市崩盤。

四、**相互依賴的關係**。了解系統中不同部分的關係，以及一個部分的變化會如何影響系統其他的部分。例如，在複雜的供應鏈中，部分決定改變營運方式，轉而擁抱永續的經營方式，這個具有雄心的目標將引發連鎖反應，影響整個系統。

五、**動態行為**。了解系統會受外部和內部因素影響，並隨時間改變和演變。

六、**不同的視角**。參考不同的視角和觀點，以便更全面了解系統。

關鍵路徑法（critical path method, CPM）包括以下幾個步驟。

- **確認任務**。關鍵路徑法的第一步是確認為了實現預期目標或結果所需完成的所有任務。
- **估計所需時間**。接下來是估計每項任務所需的時間，並考慮可能影響任務完成時間的依賴關係或限制條件。

- **排列任務的順序**。第三步是根據任務的依賴關係和限制條件，排列任務完成的先後順序。
- **找出關鍵路徑**。找出從開始到結束必須完成的最長任務序列，並將每項任務所需的時間計算在內，以便算出完成整個流程的總時長。
- **監控進度**：最後，監控進度，尤其要注意關鍵路徑上的任務。如果關鍵路徑上任何一個任務出現延遲，都會影響整體的進度。

關鍵路徑可協助你思考達成結果所需的任務與步驟，並計算所需時間。系統思考可以幫助你思索，萬一系統裡某個部分發生變化造成的連鎖反應，對關鍵路徑可能的潛在影響。

系統思考和關鍵路徑通常與大規模作業流程或專案有關，在這些流程或專案中，識別系統中相關的部分並了解它們之間的互動方式。儘管這是不小的任務，但在某些情況下值得這麼做。

然而，其中也存在一些風險，例如過於專注於系統可能會忽略其他關鍵因素（諸如更廣泛的競爭環境），或是CPM任務順序可能缺乏足夠的靈活性，無法因應快速變化的環境。儘管如此，這兩個方法仍然可以作為有用的診斷和規畫工具，無論你的組織規模大小或屬於什麼類型，它們都能提供數據和深入見解，提高組織效率並突顯潛在風險。

怎麼應用

如果你無法理解為何某個流程或專案不如你期望的順利或精簡，不妨試試以下的想法或建議。

分析或改善什麼？

清楚定義你想要分析或優化的系統或專案。這可能需要確認系統或專案的目的或目標和所牽涉的利害關係人。

將系統或專案繪製成圖表

將系統或專案繪製成路徑圖或圖表，顯示不同部分或元素之間的關係和依賴關係。這可能需要確認系統裡輸入、輸出、反饋迴路及其他的元素。

分析系統或專案

一旦畫出系統或專案的圖表，就可應用系統思考的技巧，分析系統或專案的作業方式，並找出可能需要改善之處。這可能包括尋找反饋迴路、突發的湧現行為和系統的其他特徵。

確認關鍵路徑

使用關鍵路徑法，確認達成目標所需完成的任務或活動。接著估算每項任務所需時間，並根據它們的依賴關係和限制條件，排出依序完成的順序。

監控進度

一旦確定關鍵路徑，你就可以依賴它監控進度。這可能需要定期查看路徑上每個任務的狀態，並根據需要加以調整。

你可以想一想

- 你正在進行的系統／專案的目的或目標是什麼？
- 系統或專案的主要部分或元素是什麼？它們之間如何互動？
- 系統或專案中的行動會造成哪些長期影響？如何確保你做出的是可持續的決定？
- 專案中最重要的任務或活動是什麼？它們如何融入整體關鍵路徑？
- 如何適應不斷變化的環境，並在過程中持續優化系統或專案？

你可以讀這部經典

Meadows, D. H.（2016）。系統思考：克服盲點、面對複雜性、見樹又見林的整體思考（邱昭良譯）。經濟新潮社。（原著出版於2008年）

25 平衡計分卡 The Balanced Scorecard, BSC

在評量與管理之間建立關鍵連結。

綜覽平衡計分卡

平衡計分卡（Balanced Scorecard, BSC）由柯普朗和大衛・諾頓（David Norton）兩位學者在一九九〇年代提出，旨在回應社會加速的變化，特別是一變再變的商業模式。他們推出名為平衡計分卡的評量與管理系統，幫助管理階層提升員工的績效表現、實現策略目標、提高企業的長期價值。兩人的研究鼓勵領導層看重評量與績效指標在組織的優點與重要性。

柯普朗與諾頓的方法強調，企業管理層為了保持競爭力，眼光不能只局限在財務績效上。他們還認為，員工會優先處理並回應被評量的工作領域。他們指出，僅留意財務表現的公司，眼界狹隘，忽略其他有助於公司獲利卻無法用營收數字評量的領域。例如，客戶滿意度或員工積極參與的工作態度，並不會直接挹注到投資報酬率或每股收益等財務指標；但就長遠而言，它們仍是衡量公司成功與否的重要標準。

平衡計分卡框架為設定目標和清楚掌握個人工作重點的實務注入嚴謹性，並且在跨團隊或跨組別使用時，能建立一致性，避免各自為政。平衡計分卡可以將目標和目的細化為行動計畫，並定期評估進度。這種方法呈現全面、相關且平衡的面向（因此得名），也突顯需要完成的具體任務。

平衡計分卡的關鍵概念

平衡計分卡是一個框架，協助管理層針對四個核心領域設定目標與評量績效，而傳統的「硬性」財務評量僅是平衡計分卡四個象限之一。其他三個牽涉品質、營運流程的衡量指標是：

- 客戶面向：現有客戶和潛在客戶對公司的看法
- 內部面向：公司必須表現卓越的領域
- 創新與學習面向：公司必須持續改善並增加價值的領域

平衡計分卡有助於快速且全面了解影響績效的最重要問題，包括：實現目標所需的各種活動、優先順序和技術。它還可以用於確定需要改進或投資的領域，並制定與實施精準且具體的策略。

平衡計分卡被視為在變動時期管理員工的有效工具，可幫助組織將更廣泛的策略目標與各部門和個人目標連結。因此，每個人都了解自己需要做什麼才能成功實現目標，以及他們的工作如何為組織其他部門做出貢獻——這通常是激勵員工努力工作的動力來源。

可量化的財務指標更具吸引力有原因。因為質化指標太容易被誤解；再者，質化目標不容易設定，因為既要正確評量該評量的事情，還要讓大家清楚了解目標，以及避免造成意想不到的後果和行為。

顯然，組織需要深入思考評量的內容、原因和方式。平衡計分卡意在鼓勵員工和組織不要只局限在財務指標，而是提醒我們，應從更全面的角度看待評量與指標。例如，高階領導層可能需要花時間確定關鍵的績效指標和評量方式，一旦確定指標後，這些指標可以成為整個組織設定目標的依據，引導員工留意大致相同的領域，同時又能讓員工兼顧個人的角色和能力。

怎麼應用？

平衡計分卡可應用於組織內各種層級和情況。例如，對銷售團隊而言，財務指標可能還包括支出預算、行政成本或薪資總額；而不僅只是銷售額本身。再者，客戶也可能是組織內部的員工：例如，IT部門提供服務，可能會評量自己對同事提供的服務品質。

假設你是部門或團隊的領導者，希望應用平衡計分卡為團隊設定目標，那麼請完成以下步驟。

首先制定策略

你想要達成什麼目標？第一步是清楚定義與傳達你的策略。大家需要了解：更廣泛的策略目標（與目的），成功實現每個短期具體目標的關鍵因素，以及大家該如何為目標做出貢獻。

這階段的關鍵問題包括：策略是什麼？需要優先處理的任務是什麼？大家需要在哪些方面做得更努力、改變做法或做得更好，才能推進策略？需要遵循哪些指導原則？需要改變哪些思維？

決定評量內容

根據四個面向，一一針對職責、部門與個人角色進行評量，確定應實現的目標與評量方式。每個面向的範例，詳見圖表7~10。

這階段的關鍵問題包括：每個核心領域最重要的目標是什麼？如何評量實現這些目標的進度？

達成共識後，開始執行

大家討論後達成共識，確定如何實現目標，與如何評量進展和績效。

這階段的關鍵問題包括：如何就目標和活動達成共識並傳達給其他人？大家如何得知工作進展的情況？

圖表7：平衡計分卡「財務」面向

財務

包括傳統的財務指標（例如銷售額與營收、成本管理、獲利能力）。此外，應該評量企業向策略目標邁進的進度。

目標	評量方式
· 提高獲利能力 · 股價表現 · 提高資產報酬率	· 現金流 · 降低成本 · 毛利率 · 資本／股東權益／投資／銷售報酬率 · 營收成長率 · 付款條件

圖表8：平衡計分卡「客戶」面向

客戶

組織首先需要仔細考慮服務的顧客群，然後針對現有和潛在的顧客群設定具體目標。

目標	評量方式

· 爭取新客戶 · 提高客戶留存率 · 提升客戶滿意度 · 增加交叉銷售量 · 提高每位客戶貢獻的獲利 · 降低爭取每個客戶的成本	· 市占率 · 客戶滿意度 · 客戶數量 · 客戶的獲利貢獻 · 交付時間 · 銷售量

圖表9：平衡計分卡「內部流程」面向

內部流程

思考組織的作業流程，探討如何改善這些流程，優化作業效率。

目標	評量方式
· 提升核心能力 · 改進關鍵技術 · 精簡作業流程 · 提升員工士氣	· 效率提升 · 縮短交付週期 · 降低單位成本 · 減少浪費 · 改善採購／確保供應商按時交付產品與服務 · 提高員工士氣與滿意度 · 降低員工離職率 · 內部審核標準 · 每位員工的銷售額

圖表10：平衡計分卡「學習與發展」面向

學習與發展

由於人力是創新和持續改進等關鍵活動的根基，因此企業應該重視員工的發展、留任與培訓，並據此設定目標。

目標	評量方式

・開發新產品 ・持續改進 ・員工培訓與員工技能	・員工接受培訓的人數 ・開發下一代產品所需的時間 ・有多少比例的產品貢獻了公司總銷售收入的80% ・相較於競爭對手，自己推出新產品的數量

制定績效評量指標，並定期評估審查

一旦確定平衡計分卡的目標並獲得大家一致同意後，就必須開始評量並監督這些目標的進展。

關鍵問題包括：個人和團隊的計分卡多久得評估一次？如何讓整個組織分享有關進展的看法和反饋？

規畫並實施各項行動計畫，創造動能

接下來，針對這四個領域（財務、客戶、內部流程、學習與發展），為每個團隊成員設定明確的目標。這些目標應該精簡、可實現且務實，並反映組織的整體目標。

公開並靈活應用評量結果

每個人都應該了解組織的整體目標，但決定誰應該收到具體的訊息、為何收到這些訊息，以及收到訊息的頻率都很重要。過多的細節會癱瘓分析；過少會讓資訊喪失效益。利用這些訊息指導決策、強化需要進一步行動的領域，並視情況靈活應用平衡計分卡。

定期評估並調整

這可以有效解決當前遇到的問題，並根據需要設定新的或不同的目標。判斷平衡計分卡是否適用於組織的最佳方式，就是每年設定有效的評量目標並持續實現它們。

你可以想一想

- 與核心策略目標一致的計分卡會帶給你哪些好處？
- 採用平衡計分卡工具後，可以加強並加速實現哪些願景或計畫？
- 你設定、評量、定期審視績效目標的成效如何？
- 你如何衡量自己、團隊或部門在財務、客戶、內部流程、學習與發展四個面向的成績？
- 採用平衡計分卡如何改善你和同事的績效管理？

你可以連上這個網站

平衡計分卡研究機構網站：www.balancedscorecard.org。

第4部

追求成長：
創新、產品、顧客與市場

26 達博林的十種創新類型 Doblin's Ten Types of Innovation

強調廣泛而全面的創新方法。

綜覽「達博林的十種創新類型」

說到創新，我們往往會聯想到突然腦洞大開、瞬間頓悟的「尤里卡時刻」(Eureka)，彷彿一位孤獨天才憑空創造出劃時代的新產品或服務。不過實際上，這樣的尤里卡時刻極為罕見。創新更常是一群人系統的思索，解決一系列問題的方法與行動計畫，努力而得的結果，這種更廣義的創新概念正是達博林十種創新類型的核心。

該框架由達博林諮詢顧問公司（consultancy Doblin）在一九九〇年代末開發，希望協助組織透過多元的創新途徑，實現成長與保持不墜。此創新框架在二〇一三年因達博林創辦人之一賴瑞・基利（Larry Keeley）出版《創新的10個原點：拆解2000家企業顛覆產業規則的創新思維》(*Ten Types of Innovation*）而廣受留意。達博林目前已參與德勤（Deloitte)「創新實務」(Innovation Practice）業務，繼續應用十種創新類型的框架協助客戶進行創新。

這個框架的核心概念是：組織需要考慮不同的創新類型，發掘改變的機會，並找到具創意的解決方案因應機會與挑戰。十種創新類型可用於解決多種不同的挑戰，例如提升競爭力、改善客戶滿意度和促進成長等。

「達博林的十種創新類型」的關鍵概念

一九四〇年代，經濟學家約瑟夫．熊彼得（Joseph Schumpeter）提出「創造性破壞」（creative destruction）一詞，描述組織為了長期保持競爭優勢，必須定期摧毀目前的作業或營運模式。達博林的模型可視為實現熊彼得創造性破壞概念的做法，涵蓋了組織可以專注推動創新的十個領域。

一、**績效創新**：提升產品或服務的效能或效率。

二、**產品創新**：推出全新或升級的產品與服務。

三、**服務創新**：使用不一樣或改良的方式，向客戶提供服務。

四、**商業模式創新**：改變公司創造、傳遞和捕捉價值（capture value）的方式。

五、**平台創新**：建立可讓其他人開發產品或服務的基礎架構。

六、**生態系統創新**：建立涵蓋合作夥伴及外部其他利益息息相關業者的網絡，並善加管理，共同攜手創造價值。

七、**客戶體驗創新**：提升客戶與公司或品牌互動的方式。

八、**品牌創新**：建立並維持強大且獨特的品牌形象。

九、**流程創新**：改進組織內部的營運與作業方式。

十、**賦能技術創新**：使用新式或改良的技術，協助實現其他創新。

根據這十種創新類型的架構，找出需要改善和強化的重點，企業可以在需要創新的關鍵領域提升效率與能力。例如，在研究、收集客戶反饋意見、設計原型並測試新構想等領域，以及對產品、服務、流程或營運模式落實創新的做法。

達博林架構可應用於組織面臨的各種挑戰和環境，並可協助企業在不同領域落實創新。這是一套可靈活搭配的選項清單，協助企業找出多種落實創新的方式。這個創新架構提醒我們，創新不僅關乎顛覆市場的新產品；還涵蓋供應鏈、流程、商業模式與網絡等領域的創新。

除了十種創新類型，基利也提出「創新雄心」（innovation ambition）的概念。

- **核心創新**：對目前的流程進行漸進式改變。
- **相鄰創新**：調整邊界，將現有能力、產品與服務拓展至相鄰的新領域。
- **轉型創新**：具顛覆性，創造全新的產品或服務。

達博林架構的優勢在於，能宏觀地綜覽不同領域的創新。然而，這也是它潛在的弱點——批評者認為，這種分類過於廣泛與籠統，難以捕捉特定情況、文化與背景的細微差異和複雜性。而且，它也沒有具體告訴企業，該優先進行哪種類型的創新。

此外，以下幾種推動創新的框架與做法亦值得參考：

設計思考：在探索新想法及解決方案的過程中，強調同理心、實驗與迭代，透過理解用戶的需求與觀點，設計原型並進行測試，然後根據反饋持續優化解決方案。

精實做法：強調以最快的速度做出原型並進行測試，驗證假設與想法的可行性，並參考客戶的反饋意見。這個做法的目標是將浪費與風險降到最低，同時找出並落實最有潛力的想法。

敏捷：源自軟體開發領域，但亦可應用到其他領域的創新。敏捷強調靈活性、協作（同事之間、公司與客戶之間），以及開發過程中的不斷迭代優化。團隊以短週期或衝刺（sprints）的方式，逐步傳遞價值，並快速適應變化。

另請參閱27（第149頁）提到的破壞式創新。

每種創新方法或架構都有優勢和局限，你可以根據具體的需求和目標，選擇其中一種或混搭使用。

與所有方法一樣，達博林的十種創新類型是思考創新的寶貴工具，也是與其他工具和方法一起搭配使用的實用基礎，這些工具和方法能幫助你，根據具體的情況和業務需求理解創新架構，並落實創新策略。

怎麼應用

達博林架構的十種創新類型是實用的指導原則，可以幫助你確認、制定和落實創新想法。這十種類型涵蓋了漸進式創新和顛覆性創新，讓企業廣泛探索各種可能性，帶動成長並維持市場競爭力。

以下幾個步驟能幫助你有效應用達博林架構：

找出面臨的挑戰或機會

首先確認公司希望推動改革或創新的領域。這些挑戰可能是需要解決什麼問題、進入某個新市場，或是改進現有產品或服務的機會。

分析十種創新類型

評估每一種創新類型，決定哪些類型與所面臨的挑戰或機會相關。評估每一種創新類型如何為客戶、利害關係人或公司本身創造價值。

值得注意的是，前面這兩個步驟的順序可以互換。你可以選擇先找出挑戰或機會，將焦點放在最需要創新的地方；或者也可以先分析十種創新類型，確定哪一種最適合你。

選擇最有潛力的創新類型

優先選擇有望發揮最大影響力、與公司目標和可用資源最契合的創新類型。

收集數據與見解

進一步分析已確認的挑戰或機會，包括客戶需求與偏好、市場趨勢和競爭態勢。這些資訊可以幫助你改善與優化創新策略。

制定與測試想法

利用收集到的數據與見解，制定因應挑戰或機會的想法與策略，並檢測。這可能需要設計原型，並針對不同的想法測試，然後向客戶和利害關係人收集反饋意見，根據他們的意見，反覆對創新想法進行迭代與優化。

執行與擴展

一旦確定哪個想法最有潛力，就可以制定落實和擴展計畫。這可能需要改變產品、服務、流程或商業模式，也需要提供資源，協助落實創新策略。

請記住，創新的過程通常需要反覆修正，可能需要根據反饋意見，調整與改進推動創新的各種想法。此外，在這過程中，企業需要在開發新產品、新服務，和升級既有產品與服務之間，找到平衡點。

你可以想一想

- 你最希望解決的最大業務挑戰或機會是什麼？它與績效、流程、產品、服務或商業模式有關嗎？
- 客戶面臨的最大痛點或挑戰為何？你如何解決這些問題？
- 十種類型的創新中，哪些與你最相關？
- 為了確保創新能夠長期成功，你需要建立哪些基礎或平台？
- 在收集數據、開發與測試想法，以及實施創新的關鍵活動中，還有哪些人可以參與其中？

你可以讀這部經典

Keeley, L., Walters, H., Pillel, R. & Quinn, B.（2016）。創新的10個原點：拆解2000家企業顛覆產業規則的創新思維（洪慧芳譯）。天下雜誌。（原著出版於2013年）

27 破壞式創新
Disruptive innovation

打破現狀，實質改變。

綜覽破壞式創新

破壞式創新是管理學者克雷頓．克里斯汀生（Clayton Christensen）提出的技術變革理論。他希望能了解為什麼某些獲利佳又擁有豐富資源的大企業，無法利用自身成功進一步鞏固競爭優勢。例如，IBM早期在運算領域的技術一枝獨秀，理論上應該可以在從大型主機（mainframe）跨足到桌上型電腦、再到雲端運算的技術變革過程中，占據有利位置；但實情不然。同樣地，福特汽車（Ford）為何沒有率先想到優步（Uber）；大型連鎖飯店為何沒有推出Airbnb；柯達（Kodak）為何沒有將數位攝影的優勢發揮到極致？

答案在於，他們被更敏捷的新進**破壞者**（disruptor）打得措手不及，甚至被後來居上。

根據克里斯汀生的觀點，破壞式創新往往源於兩種市場機會，可惜的是這些機會往往被市場老牌企業忽視：低階市場立足點（low-end market foothold）與新市場立足點（new-market foothold）。

低階市場立足點之所以存在，是因為既有老牌企業習慣聚焦在最有利可圖、要求也最高的客戶群，不斷提供他們更高階的產品與服務，因此給了新進者機會，讓他們以更低價、操作更簡單的產品或服務打入市場底端，並站穩腳跟。

新市場立足點則較罕見：指的是破壞者創造了一個以前完全不存在的全新市場，因此有極大的獲利空間和成長潛力。

破壞式創新可能會對老牌產業和企業造成重大衝擊，因為它挑戰現有的規範和想法，並改變市場的權力平衡。它能催生新的商業模式、引進新的技術、創造全新的市場。在某些方面，讓人聯想到金偉燦和莫伯尼的藍海策略，同樣是充滿大膽、激進的思維。

破壞式創新的關鍵概念

克里斯汀生發現，大多數組織理解並實踐他稱為的**永續創新**（sustaining innovation）。永續創新需要開發新產品或服務，雖然這會改善現有產品，但不會徹底改變市場的運作方式。永續創新多半是老牌企業的做法，目的是提升產品或服務的性能，滿足現有客群的需求。這是企業保持並擴大市占率的重要手段。然而，對於克里斯汀生而言，永續創新的循序漸進模式已愈來愈受到破壞式創新這普遍趨勢的挑戰與壓力。他指出，破壞式創新有兩種主要形式。

低階市場破壞式創新

低階破壞式創新側重低階市場，做法是推出新產品或新服務，一開始鎖定一小群未被充分服務或被忽視的客戶群，但最終會顛覆市場，挑戰老牌產品和企業。這個過程通常從開發一個更簡單、更低價，也更方便操作的產品或服務開始，滿足特定客群的需求。隨著新進破壞者的產品或服務逐漸升級改善，對更多客群產生吸引力，這些新進破壞者開始瓜分傳統老牌企業的市占率。

屬於低階破壞式創新的經典例子是廉價航空公司。傳統上，航空公司會鎖定高端客戶，如商務旅客和常客，推出所謂的忠誠計畫（loyalty schemes），致力改善機場貴賓室、機上餐飲、搭機舒適度和娛樂等各方面的服務。然而，只想要更便宜的機票或願意接受「無附加服務」的數百萬客群卻被忽視，直到美國的西南航空（Southwest Airlines）、歐洲的易捷航空（easyJet）等廉價航空公司出現，才解決了這些未被滿足的需求。

新市場破壞式創新

新市場立足點較為少見，通常須依賴技術進步。這類的破壞式創新發生在新進破壞者，創造了一個以前並不存在的市場。事實上，他們找到了一種把非顧客變成顧客的方式。

新市場立足點的經典例子是蘋果的iPod和iTunes，兩者在二〇〇〇年代初改變消費者購買和聆聽音樂的方式，徹底顛覆音樂銷售市場，導致許多傳統音樂零售商被迫熄燈、結束營業。iPod簡易操作的特性迅速創造數位音樂播放器的新市場。iPod與iTunes線上音樂商店緊密合作，鎖定低階音樂客群市場，提供消費者購買單曲而非整張專輯的選項，不像市場傳統業者銷售整張專輯的做法。

最後，破壞式創新可能徹底改變市場的運作方式。假以時日，破壞式創新業者提供的產品或服務可能會愈來愈好，吸引更廣泛的客群。在這過程中，新進企業開始從既有企業手中搶走市場，最後破壞市場並改變市場運作方式。

「破壞」的想法頗具誘惑力，目前已進入商業領域，成為常見的商業語彙；但它也常被誤解。這不是「破壞別人、還是被破壞」的簡單問題：如果專注在所謂的破壞性技術，恐會忽略其他左右企業成功的因素，例如公司內部資源和能力所扮演的角色。此外，市場動態、組織文化和監管環境也會決定破壞式創新是否適合某個組織或產業。既有企業也開發了一系列策略，例如收購破壞市場的新創公司，或是調整自己的商業模式，更充分地滿足客戶需求。（請參閱13雙元性思維，第74頁）

其他創新理論

除了克里斯汀生的破壞式創新理論之外，還有其他幾種技術變革與創新的理論。**漸進式創新**類似克里斯汀生提出的永續創新，漸進式創新是指逐步改進現有的產品或流程。這類創新通常循序漸進，因為是建立在已有的技術與知識上，所以風險較低。

復古式創新指的是將老舊、已被遺忘的技術或做法翻新或重新應用。復古式創新可視為破壞式創新，因為它們挑戰既有的做事方式，甚至可能破壞現有市場的生態。

一個有趣的例子是黑膠唱片重新回歸市場。由於一九八〇和九〇年代數位音樂光碟（CD）崛起，二〇〇〇年代則是音樂串流服務的時代，黑膠唱片幾乎消失殆盡。然而，對某些人來說，擁有播放黑膠唱片的設備，以及聆聽黑膠唱片的過程是懷舊的消遣；不過對其他人來說，黑膠唱片只是單純的娛樂和樂趣。對唱片公司而言，這是另一種獲利較高的音樂銷售模式，可同時發行新專輯和復刻版專輯。

怎麼應用

破壞式創新的本質是透過新穎的想法與做法翻轉產業，通常從小眾市場開始，逐步蠶食，最後成功取代市場原本的巨擘。

以下幾個步驟可幫助你評估克里斯汀生的破壞式創新理論（或其中某些概念）是否適合你的企業或組織。

確認未被充分服務或被忽視的客群

破壞性創新首先要鎖定未被現有產品或服務充分滿足的客群。你可以透過提供更簡單、更便宜或更方便操作的解決方案，尋找服務這些客群的機會。

持續改進，不斷拓展客群

不斷改進破壞市場的產品或服務，讓它們逐漸吸引愈來愈廣泛的客群。你可以根據客戶反饋和數據持續改善產品或服務，讓它們更具吸引力，進而吸引主流客群。

開發低階市場立足點或新市場立足點

破壞式創新往往從小眾客群開始，提供基礎或精簡版的產品與服務。這有助於在市場找到立足點，站穩腳跟，並蒐集客戶的反饋。臉書網站（The Facebook，現在稱為Facebook，隸屬Meta）的早期發展便是有趣的例子，最初網站僅針對美國大學生，客群的背景類似幾位創辦人，例如馬克·祖克柏（Mark Zuckerberg）。

將觸角伸向鄰近市場

當大家開始留意破壞式創新時，你可以尋找機會將觸角擴展至鄰近的市場或產業，進一步破壞市場並擴大市占率。例如，優步最初專注於叫車服務市場，之後擴展至鄰近市場，推出Uber Eats，進軍外送服務。

適應不斷變化的市場環境

市場不斷變化，因此你需要做好準備，適應新的發展趨勢。這可能需要調整產品或服務內容、採用新的商業模式，或建立新的合作夥伴關係。許多公司曾想打入廉航市場，但並非所有公司都能在低獲利的情況下維持營運，甚至市場今天僅剩少數幾家較有實力的廉航存活。

你可以想一想

- 思考在你所經營的市場中，破壞者可能會怎麼改變它？

- 你是否擁有能夠創造新市場的產品或服務？
- 目前有哪些客群未被充分服務或被忽視？
- 新技術如何協助開發新的產品或服務，進而在你所屬的產業闢出全新市場或全新領域？
- 你如何提前預測並因應市場可能出現的破壞式創新？

你可以讀這部經典

Christensen, C. M.（2022）。創新的兩難【20週年暢銷經典版】：當代最具影響力的商管奠基之作，影響賈伯斯、比爾・蓋茲到貝佐斯一生的創新聖經（吳凱琳譯）。商周。（原著出版於2016年）

28 成長與市占率矩陣
The Growth Share Matrix

評估業務潛力與成長性的熱門方法。

綜覽「成長與市占率矩陣」

成長與市占率矩陣（初期名稱為BCG矩陣）是一種工具，用於評估公司各業務單位或產品在市場的相對地位。它能幫助企業確認在哪些業務領域挹注最多的現金，哪些領域（產品）能在未來持續貢獻現金，以及哪些領域不斷在燒錢、消耗資金。

此矩陣最初由波士頓顧問公司（Boston Consulting Group, BCG）的員工亞倫・柴肯（Alan Zakon）與同事首創，然後在一九七〇年由BCG創辦人布魯斯・韓德森（Bruce Henderson）公開發表在一篇名為〈產品組合〉（The Product Portfolio）的文章裡，因而受到廣泛矚目。成長與市占率矩陣出現之前，市面已存在一系列策略管理概念與工具，例如安索夫矩陣（Ansoff matrix），彼得・杜拉克的管理理論、麥可・波特的五力分析框架等。這些概念為策略管理作為獨立學科奠定了基礎，也替BCG矩陣的誕生舖下坦途。

「成長與市占率矩陣」的關鍵概念

成長與市占率矩陣包含兩個層面：市場成長率與市場占有率。

市場成長率是指某產品或服務的市場成長速度。市場占有率則是指企業某產品的銷售總量在某市場所占的比重。成長與市占率矩陣被廣泛用於安排工作的優先順序和資源分配。它可以協助企業聚焦自身優勢，管理弱項，還能確認成長與多元化發展的機會。成長與市占率矩陣將公司的產品或事業單位畫在2×2的坐標圖上，**X軸**代表市場占有率，**Y軸**代表市場成長率。

矩陣由四個象限組成，如圖表11所示。

一、**明星**（star）：在快速成長的市場中，擁有高市占率的產品或事業單位。它們需要大量投資才能維持地位，但有潛力在未來創造大量現金。

二、**金牛**（cash cow）：在成熟市場中，擁有高市占率的產品或事業單位。它們能創造大量現金，但成長潛力較低或有限。

三、**老狗**（dog）：在成熟市場中，市占率低的產品或事業單位。它們不會產生太多現金，而且成長潛力低。

四、**問號**（question mark）：在快速成長的市場中，市占率低的產品或事業單位。它們可能具有成為明星的潛力，但失敗的風險也很高，需要投入大量資源和付出龐大努力才能成長。

成長與市占率矩陣是很受歡迎的工具，因為提供了簡單而直覺的框架，可據此評估產品或事業單位的市場地位。但同時，在制定策略決策時，了解此工具的局限並考慮其他因素也非常重要。它可以和其他工具搭配使用，包括SWOT分析、PEST分析和波特的五力分析模式，才能提供更平衡、更全面的視角。

和任何框架或模型一樣，成長與市占率矩陣也有過於簡化市場狀況的問題，並忽視可能影響公司營運表現的外部因素。它也沒有充分考慮到支援不同產品或事業單位需要不同的成本和資源。此外，因為成長與市占率矩陣以過去的數據為分析基礎，所以未必能準確預測未來的市場狀況。在當今快速變化且難以預測的商業環境底下，它的適用性也受到質疑，因為儘管波士頓顧問集團持續更新成長與市占率矩陣的最佳使用方式與指導建議，但也指出，自該矩陣問世以來，因為市場變化速度加快，企業在不同象限之間反覆移動的速度也跟著加速；相較於過去，企業可能需要更留意問號象限的產品

圖表11：BCG矩陣

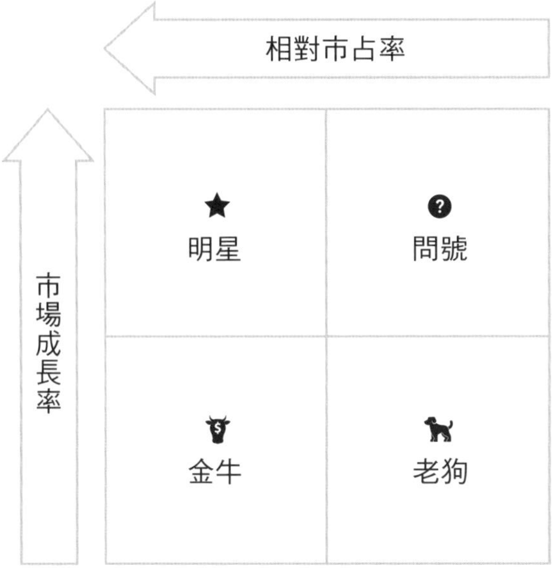

資料來源：波士頓顧問公司

與事業單位，並進行更多實驗。

你可以想一想

使用成長與市占率矩陣時，需要考慮這些局限性，但儘管如此，它仍是實用的分析框架，協助企業根據市場成長率和相對市占率，分析自家的產品組合，進而針對資源分配和成長潛力做出策略決策。

若想將成長與市占率矩陣應用於自身，請遵循以下步驟。

確定分析對象

對象可能是個別或一組產品與服務，或是一個事業單位與部門。

蒐集數據

為每個產品或事業單位蒐集相關的數據與資訊，包括市場規模與相對市占率。這些資訊的取得管道包括：市場調查、銷售數字、市場報告和競爭態勢分析。

計算市場成長率

評估各產品或事業單位的市場成長率。包括評估產品所在市場的年成長率。這資訊可透過分析市場趨勢、產業報告和歷史數據取得。

確定相對市占率

將自家產品的市占率除以最大競爭對手的市占率，得出每個產品或事業單位的相對市占率。至於市占率的資訊則可透過銷售數字、市場研究和產業報告取得。

繪製成長與市占率矩陣，標示產品／事業單位的定位

繪製成長與市占率矩陣，X 軸代表相對市占率，Y 軸代表市場成長率。將各產品或事業單位的相對市占率和市場成長率的數值，繪製在矩陣上。

解讀分析對象在矩陣的相應類別

分析每個產品或事業單位在矩陣的位置，並進行分類，以便制定相應策略。

- **明星**：分配資源與投資，支持明星的成長率並維持其市場主導地位。
- **金牛**。將金牛的獲利能力和現金流最大化。將其創造的現金再投資到明星或問號類別，進一步提升成長率。
- **老狗**。評估老狗的表現績效和潛力。如有必要，考慮撤資或重組，或尋找將其轉變為問號或明星的方式。

- **問號**。進行市場調查、選擇性投資，並制定策略，將問號轉變為明星，或考慮撤資（如果它們無法展現潛力）。

追蹤與調整

定期檢視成長與市占率矩陣，並根據市場環境變化重新評估產品或事業單位的定位。持續追蹤市場成長率、相對市占率和整體績效，以便針對資源分配與焦點策略做出明智的決定。

你可以想一想

- 每個產品或事業單位的市場成長率和市場占有率是多少？與競爭對手比較，結果如何？
- 產品或事業單位有哪些優勢與劣勢，如何影響其市場地位？
- 如何分配資源才能讓每項產品的投資報酬最大化？
- 是否有任何產品或事業單位處於「問號」階段，具有成為明星或淪為為老狗的可能？
- 如何讓成長與市占率矩陣與其他工具搭配使用，讓你能更全面了解自己的市場地位？

你可以讀這部經典

Reeves, M., Moose, S., & Venema, T. (2014, June 14). *BCG classics revisited: The growth share matrix.* BCG Publications. https://www.bcg.com
（目前無繁體中文譯本）

29 產品生命週期模型
Product Life Cycle Model

從點子發想到退出市場——產品生命週期。

綜覽產品生命週期模型

商業世界有許多引以為傲的品牌和產品，它們曾經光芒四射，如今卻黯淡無光。錄影帶曾是走在時代尖端的家庭娛樂；而今即便是DVD也被串流影音服務所取代。曾經是攝影界巨頭的柯達如今風光不再，只剩殘影。這樣的興衰起伏似乎是科技和社會變遷的必然過程，但是否有策略可以幫助企業理解這些變化，或延緩、推遲看似不可避免的衰退呢？

此時，產品生命週期（Product Life Cycle, PLC）模型便能派上用場。這是描述產品或服務從導入市場、到衰退，最後退出市場所經歷各階段的框架。

自一九六〇年代中期，產品生命週期模型被視為流行的市場行銷概念而問世，並隨著時間推移，逐漸發展為理解產品在市場動態變化的工具。它幫助企業在產品生命週期的每個階段，制定合適的市場行銷策略，最大化產品的利潤，同時預測並緩解挑戰，幫助企業調整方向，並在必要時管理衰退。

產品生命週期的關鍵概念

PLC模型通常包含四個階段，這些階段定義了產品的生命週期：導入期、成長期、成熟期和衰退期。

導入期

導入階段是指新產品進入市場。這階段的特質是銷售量低、通路有限、行銷與廣告成本高。在這個階段，企業會專注為產品建立市場，建立能引起消費者共鳴的品牌形象。他們通常會提供限時早鳥優惠價或折扣，吸引顧客早買早使用，並在市場上站穩腳步。電動車上市是有趣的例子。在導入階段，對大多數消費者而言，電動車是全新且陌生的產品，因此特斯拉（Tesla）等業者透過行銷活動，宣傳電動車的優點，提高消費者對電動車的認識。

成長期

成長期是產品生命週期模型的第二階段，這階段產品的銷售額開始成長，企業也開始獲利。成長期的特色是需求增加、銷售通路擴大、競爭加劇。公司必須因應不斷變化的市場環境和顧客偏好而做好準備，才能確保持續成長和獲利。

智慧型手機是典型的成長期例子。隨著消費者大量改用智慧手機，市場快速成長。蘋果和三星（Samsung）等公司在行銷和產品開發上投入大量資金，透過推出新功能吸引新客群，並努力鞏固與擴大市場占有率。

成熟期

成熟期是產品生命週期模型的第三階段，在這階段，市場趨於飽和、客戶需求改變、競爭加劇、銷售成長率開始放緩。成熟期的特徵是競爭白熱化，企業需要採取產品差異化和削減成本等措施維持競爭力。在成熟階段，重點是維持市占率並最大化獲利，手段包括：優化生產流程、降低成本與拓展新市場。此外，追求產品差異化有助於產品在競爭激烈的市場中脫穎而出，並維持顧客的忠誠度。

早餐穀麥片是有趣的例子。這市場已經飽和，銷售也穩定，多種品牌提供多種選擇，所以競爭激烈。業者透過價格競爭、促銷活動和品牌忠誠計畫，維持市占率。產品多樣化有助於延長產品的生命週期。

衰退期

衰退期是產品生命週期模型的最後階段。此時，企業或產品可能會面臨新產品和新技術日益激烈的競爭。這階段的特徵是銷售額下滑、利潤縮水和需求降低。在這階段，企業必須妥善管理產品衰退，同時將利潤最大化。他們可能需要降低生產成本、出清庫存、聚焦高利潤客群。企業也可能需要花錢行銷和廣告宣傳，維持產品的知名度，吸引消費者持續留意。

衰退階段可能充滿挑戰，但同時也是機會：從過往的表現（特別是錯誤中）學習經驗；探索成長與創新機會的時機。藉由審慎管理衰退期和做出關鍵決策 —— 例如，如何延長產品壽命、如何定價、如何照顧現有客戶、何時推出新產品等，一樣能長期維持成功不墜與品牌聲譽。

典型例子是DVD銷售與租賃服務衰退。隨著影音串流媒體與數位化服務崛起，消費者轉而擁抱網飛等平台，導致租賃商店的營業額與獲利大幅萎縮，門市被迫關閉，DVD發行量也跟著減少。

怎麼應用

如何應用產品生命週期模型理解自家產品或服務在市場的動態，並制定適當的行銷策略提升成功機會？以下是關鍵要點：

進行市場研究

透過市場研究，準確掌握消費者的需求、市場競爭態勢與趨勢。這些資訊能幫助你在產品開發、定價和行銷策略等領域做出明智的決策。蒐集的資訊包括：顧客需求、新興趨勢和競品分析。

確定產品在生命週期的階段

了解產品目前所處的生命週期階段，有助於最大限度的提高產品的獲利能力並延長產品的生命週期，確保它們在每個階段都能充分發揮價值。

制定適當的行銷策略

這需要以產品目前所在的階段為基礎，並針對產品的現況量身制定，確保產品在市場上保持競爭力和獲利能力。例如，如果產品處於成長階段，企業可能會透過降價吸引更多顧客；若是在衰退階段，可能專注於出清庫存。

根據產品特性，還可以考慮提出競爭性定價或搭售組合（捆綁銷售），藉此吸引特定消費者或客群。

提高導入期的成功機會

可考慮以下策略：

- 鎖定潛在的早期採用者
- 找出獨特的銷售主張（unique selling proposition, USP，也稱為賣點），這是讓產品與競爭對手有所區隔的關鍵策略。
- 確保產品符合顧客期待並獲得正面評價。

追蹤並調整策略

這可能包括調整產品功能、定價方式或行銷手段，以保持產品的競爭力並延長產品的生命週期。

擴大注意焦點

當產品進入加速成長階段時，應同時注意兩個面向：滿足成長的消費需求，同時全力建立品牌忠誠度與市占率。

這可能代表提升產能、拓展通路、提高對行銷與廣告的投資金額，以利提高品牌曝光度並吸引消費者的留意。這也是企業在市場建立主導地位與強化品牌形象的關鍵時機。企業可推出更多新功能、改善產品品質或擴建產品線等方式，吸引更廣泛的客群。此外，在成長階段，價格競爭可能變得更激烈，因為更多競爭者進入市場，而現有競爭者也會努力維持市占率。

你可以想一想

- 分析你參與的某個產品或產品線。該產品處於產品生命週期模型的哪個階段？什麼因素讓你得出這個結論？
- 你的競爭對手在產品生命週期的每個階段，採取了哪些策略？從他們成功或失敗的例子中，你學到哪些經驗？
- 如何延長產品的生命週期？哪些策略可以延長產品維持在成長期或成熟期？
- 是否有任何新興技術或趨勢可能影響產品的生命週期？你如何事先做好準備，以因應這些變化？
- 在產品生命週期的不同階段，如何調整訊息傳遞與策略，以便更有效引起目標客群的共鳴？

你可以讀這部經典

Anon, J. & González de Villaumbrosia, C. (2017). *The Product Book: How to Become a Great Product Manager*. Product School.（目前無繁體中文譯本）

30 淨推薦值
Net Promoter Score, NPS

了解你的顧客並衡量他們的忠誠度。

綜覽淨推薦值

淨推薦值（NPS）是衡量顧客忠誠度的工具，用於評估顧客推薦某家公司產品或服務的意願。NPS的基本前提是：對公司忠誠度高的顧客，更可能會將公司推薦給其他人。

淨推薦值是由佛雷德·瑞克赫爾德（Fred Reichheld）在二〇〇一年與Satmetrix共同開發的專利工具，當時瑞克赫爾德是貝恩公司（Bain & Company）的合夥人。NPS工具最初是拿來衡量組織如何因應和滿足顧客需求，進而建立顧客的品牌忠誠度。幾十年來，NPS不斷改良與升級，今天不僅用於量測顧客忠誠度，也拿來評估員工投入公司的程度和忠誠度。

NPS廣受歡迎與應用，這歸功於它的簡單：容易實施、方法透明、衡量結果讓人一目了然需要改變的地方。NPS的簡單為後來「脈搏調查」（pulse survey）工具提供靈感，這也是大家廣泛使用的衡量工具。

淨推薦值的關鍵概念

NPS的設計很簡單，透過詢問顧客一個簡單的問題：你向朋友推薦某家公司、產品或服務的可能性有多大？以0到10分計算顧客推薦的可能性，0代表完全不可能，10代表極有可能。

給予9或10分的受訪者被視為**推薦型顧客**（promoters），給予7或8分

圖表12：淨推薦值的計算方式

的受訪者被當成**被動型**（passives），而給予0到6分的顧客則被看成**批評型顧客**（detractors）。淨推薦值的計算方式是將「推薦型顧客」的百分比減去「批評型顧客」的百分比（見圖表12）

例如，如果一家公司有50%的推薦型顧客、40%的被動型顧客和10%的批評型顧客，那麼NPS為：50%–10%=40%。

NPS的範圍介於–100（所有受訪者都是批評型顧客）至+100（所有受訪者都是推薦型顧客）。NPS為正值表示公司的推薦型顧客多於批評型顧客，NPS為負值則表示批評型顧客多於推薦型顧客。NPS通常以介於最小值與最大值之間的數值呈現，而非百分比的形式。

多數情況下，NPS的問題是：「你有多大可能以0到10的分數推薦這家公司？」還會搭配開放式問題，讓業者獲得更深入的見解。例如：「你為什麼打這個分數？」或讓業者可深入挖掘影響客戶體驗的「驅動因素問題」（driver questions）。例如，一位旅館顧客可能在入住期間非常滿意，但在櫃台退房時才對服務感到不滿。

NPS常被當成關鍵績效指標，用以衡量顧客的整體滿意度和忠誠度。NPS被當作能高度精準預測公司成長和成功的重要指標，因為忠誠度高的顧客往往願意支付更高的價格，購買次數也較多，且更可能長期維持對品牌的忠誠度。NPS工具（及任何相關的後續問題）也可活用於找出顧客不滿的原因、改善顧客不滿和讓顧客成長的機會，及追蹤顧客計畫的實施成效。

NPS也逐漸演變為評量員工滿意度的指標，只是問題稍微調整：「你會推薦這家公司為工作場所嗎？」類似顧客滿意度調查，NPS工具也可用於確認哪些領域出現正向發展的趨勢、不滿之處與潛在成長機會。

NPS的簡單正好也是它潛在的缺點。批評者認為，僅依賴單一問題雖能提供清晰的結果，卻無法涵蓋影響顧客滿意度與行為的多種因素，如產品品質、便利性或性價比。此外，就像任一個評量系統，不同顧客對於相同分數的解讀可能不同，你的9分（滿分是10分）可能與其他人的9分代表不同的滿意程度。對忠誠度的概念也可能因顧客的具體需求而異，這在食品零售業、航空業和旅宿業尤其明顯，因為在這些產業，消費者往往對某特定品牌有高度忠誠度。此外，自評報告（self-reported）未必能真實反映顧客的實際行為：一位顧客給出9或10分，並不代表他一定會向他人推薦該產品或服務，只能表示在回答問題當下，他的感受如此。

如何應用？

NPS是簡單、易於使用的工具，但在應用時需要注意幾個關鍵步驟。

確定欲調查的對象

NPS通常用來衡量企業顧客或員工的忠誠度與滿意度，因此，務必確定想調查的具體對象。

選擇調查方法

進行NPS調查可使用以下方式，包括：線上問卷調查、電話訪問和親自面訪。選擇最適合調查對象的方式。

設計NPS問題

標準的NPS問題是：「在0到10的範圍內，你向朋友或同事推薦〇〇的可能性有多大？」或：「你向朋友或同事推薦我們的可能性有多大？」你也可以提出開放式的後續問題，蒐集更詳細的反饋，例如：「你給這個分數的主要原因是什麼？」

計算NPS得分

計算公司或產品的NPS得分，將受訪者分為三組：推薦型（9至10分）、被動型（7至8分）和批評型（0至6分）。計算每組受訪者的百分比，然後將推薦型的百分比減去批評型的百分比，就會得出你的NPS淨值，數值範圍會在-100（所有受訪者都是批評型顧客）到+100（所有受訪者都是推薦型顧客）之間。

分析並根據NPS數據採取行動

一旦算出NPS，分析數據以了解得分的驅動因素並確認須改進的領域。這可能包括：改變產品或服務、改善顧客體驗、調整阻礙員工投入參與的工作系統和作業流程。同樣重要的是，定期追蹤NPS，以便監控變動並確認趨勢。

NPS的目標是利用每次調查的數據進行改善，進而逐漸提高得分。然而，要有效使用NPS，企業應定期對顧客和員工進行調查，以追蹤調查後改進措施的影響（如果有的話）。定期的追蹤和後續行動能及時掌握滿意度的消長，如果滿意度隨時間下降，則可能需要進一步深入分析，了解應該留意哪些領域並進行調整。

你可以想一想

- 在公司實施NPS系統是否有益？如果是，具體體現在哪些方面？
- 如果你的滿意度已經很高，如何利用這些資訊進一步提升顧客保留率和顧客忠誠度？
- 如何處理批評型顧客的疑慮和反饋意見，據此改善他們的體驗，並將他們轉化為推薦型顧客？
- 被動型顧客的回應是否存在特定的模式或趨勢？該如何將他們轉變為更投入和滿意的顧客或員工？
- 你該如何利用NPS數據確認哪些流程需要改進？並對產品或服務進行有意義的改變？

你可以讀這部經典

Reichheld, F. (2006). *The Ultimate Question: Driving Good Profits and True Growth*. Harvard Business School Press.（目前無繁體中文譯本）

31 科特勒的行銷 4P
Kotler's Four Ps of Marketing

透過四大核心要素打造健全的行銷策略。

綜覽科特勒的行銷 4P

菲利普．科特勒（Philip Kotler）一九六七年在《行銷管理：分析、規畫、執行與控制》（*Marketing Management: Analysis, Planning, Implementation and Control*，暫譯）中首次提出行銷四大要素（4Ps）的行銷模型與架構。科特勒認為，透過留意四個關鍵要素——產品（Product）、價格（Price）、通路（Place）與促銷宣傳（Promotion），得以制定全方位的行銷策略，涵蓋目標顧客的需求、實現差異化、因應競爭態勢，以及其他可能影響行銷成效的外部因素。4P 理論問世後，這些年來，隨著商業環境變遷、新技術出現、行銷管道多元化，這個框架經歷了擴充與調整。不過，這四大要素至今依然是行銷領域中相關且基礎的概念。

科特勒的行銷 4P 的關鍵概念

行銷四大要素提供了一個實用框架，幫助企業設計與執行行銷策略。

產品

產品指的是企業提供的商品或服務。產品須符合目標市場（對象）的需求，也要與競爭對手的產品形成差異。一款設計良好且具有差異化的產品，能夠吸引並留住顧客，進而提升銷售量並帶動企業獲利成長。

價格

價格是顧客願意為產品或服務支付的金額。這取決於生產成本、競爭態勢和顧客需求等因素。了解影響定價策略的因素後，制定具有競爭力和吸引力的價格，同時確保獲利最大化。

通路

通路是指企業將產品或服務交付到顧客端的所有途徑和方式。透過注意通路（也稱分銷管道），公司可確保在顧客希望的時間和地點提供產品。有效的通路可以提高銷售量、提升顧客滿意度並建立品牌忠誠度。

促銷宣傳

企業向顧客促銷或宣傳產品的活動，包括廣告、公關活動、優惠促銷與人員親自推銷等。透過留意促銷宣傳，企業能設計有效的行銷活動，精準觸及目標客群並帶動銷售量。高效出色的促銷活動有助於建立品牌知名度，刺激消費者對產品或服務的興趣，進而推動業務成長。

自科特勒提出4P框架以來，行銷領域經歷重大變革，所以業界又新增了幾個「P」。這些新增要素提供更廣闊的視角，針對行銷幾個重點領域進行補充。

以下是六個常見的新增要素。

人員（People）：聚焦行銷過程中涉及的人員，包括顧客、員工和利益關係人，強調了解和滿足他們的需求、偏好與行為的重要性。

流程（Process）：將產品或服務提供給顧客的一系列活動與步驟，強調行銷流程的效率與效果，例如供應鏈管理、顧客服務與訂單履行。

合作夥伴關係（Partnership）：組織之間為了改進行銷工作而建立合作與聯盟關係，包括策略夥伴關係、合資企業及其他合作型式，以利企業擴大覆蓋範圍、獲取資源、善用互補優勢。

有形展示（Physical evidence）：指影響顧客滿意度的有形元素，例如包裝、品牌形象、店面設計，以及其他能影響顧客對產品或服務觀感互動的有形提示。

績效（Performance）：對行銷活動成效進行衡量與評估，包括使用績效關鍵指標分析行銷活動的效果與效率，例如客戶滿意度、銷售業績與企業整體經營成果。

包裝（Packaging）：特別注重產品包裝的設計與呈現，同時承認包裝會影響客戶觀感、產品差異化成效與品牌形象。

增加的這些P要素並未被普遍接受或標準化。不同的專家有他們的觀點、經驗和留意的領域。你選擇多少個P元素，取決於自己的具體情況，但無論如何，不管你是生產小零件，還是提供最新的AI技術服務，最初的4P依然能讓你受益無窮。

怎麼應用

科特勒的4P強調產品、價格、通路與促銷宣傳，對於制定全方位行銷策略的重要性。該模型突顯需要兼顧這四個要素，以滿足顧客需求，建立產品差異化及為目標市場創造價值。

以下是關於4P的應用，搭配簡單的實例說明。

產品

一、確定產品的功能、優點和獨特賣點。

二、透過市場調查，了解客戶的需求和偏好。

三、制定符合目標市場和公司定位的產品策略。

四、根據顧客反饋持續改進和創新產品。

價格

一、進行定價研究，了解市場動態和客戶的花錢意願。

二、制定能反映產品或服務價值的定價策略。

三、考慮生產成本、競爭對手的定價和顧客觀感等因素。

四、根據不同客群，提供不同的價格選項，例如折扣、優惠組合、溢價（高端）定價等。

通路

一、確定最有效的分銷管道，能成功觸及目標市場。

二、與零售商、經銷商和線上平台，建立合作關係。

三、優化物流和供應鏈管理，確保及時交貨。

四、考慮地理覆蓋範圍、可及性和便利性等因素，以滿足不同客群的需求。

促銷宣傳

一、制定全方位的行銷溝通計畫。

二、決定最適合觸及目標客群的管道（例如社群媒體、廣告、公關活動）。

三、撰寫引人注目的訊息，強調產品的獨特優點。

四、採取廣告宣傳、內容行銷或與意見領袖（influencers）合作，來推出促銷活動。

以實例說明4P：若考慮在新區域，開一家小型獨立咖啡店。

咖啡店：產品

- 提供各種特色咖啡、糕點和三明治。
- 採購新鮮、當地烘焙的咖啡豆，並使用高品質食材，確保產品品質。

- 提供獨特口味和客製化產品（例如，供應不含奶的替代品、季節性特產），實現差異化。

咖啡店：價格

- 根據市場調查和當地競爭態勢，制定具有競爭力的價格。
- 提供不同的價格選項，例如不同尺寸選項（小杯、中杯、大杯）和額外加購選項（例如鮮奶油、加味糖漿）。
- 店家會定期推出促銷活動或顧客忠誠度計畫，鼓勵顧客再次光臨（回購），提升顧客忠誠度。

咖啡店：通路（地點）

- 店面位於交通繁忙地區，對行人和開車族都很方便。
- 店內環境舒適怡人，座位多，並提供免費無線上網服務。
- 提供外賣和線上訂購服務，滿足行色匆匆顧客的需求。

咖啡店：促銷宣傳

- 在附近的辦公區和住家派發宣傳單。
- 活躍於社群媒體平台，分享最新資訊、特價商品，並與顧客維持互動。
- 與當地有影響力的人（網紅）合作，舉辦活動吸引新顧客，提升品牌熱度。

在這個實例中，4P 模式就像是一張檢閱清單，確保咖啡店考慮到行銷核心要素的各個層面：優質的產品、適當的價格、方便的地點，以及有效地向目標客群宣傳。這種全方位的行銷手段將協助咖啡店吸引顧客、從競爭對手中脫穎而出並帶動業績成長

你可以想一想

- 你的產品和服務是否涵蓋4P？自家產品與競爭對手的產品是否有進一步差異化的空間？
- 什麼定價策略最適合你的產品或服務？
- 如何用選擇的定價有效傳達產品的價值？
- 如何優化銷售流程，確保顧客可方便買到你的產品？
- 哪些訊息和溝通管道最能與目標市場產生共鳴？

你可以讀這部經典

Kotler, P., Keller, K. L., & Manceau, D.（2010）。行銷管理學：理論與實務的精粹（駱少康譯）。台灣培生教育。（原著出版於2009年）

32 葛拉威爾的《引爆趨勢》
Gladwell's Tipping Point

想法如何像病毒般瘋傳。

綜覽「葛拉威爾的《引爆趨勢》」

二〇〇〇年，作家麥爾坎・葛拉威爾（Malcolm Gladwell）出版《引爆趨勢：小改變如何引發大流行》（*The Tipping Point: How Little Things Can Make a Big Difference*），情勢一如書名，在出版界引爆話題與流行，迅速竄紅。

這是葛拉威爾的處女作，他從技術進步與全球化的角度，探討重要的議題：一個想法如何像病毒般迅速蔓延？他提出的答案，不僅重塑了二十一世紀的行銷方式，還影響了社會政策、時尚、流行文化、政治，甚至社群媒體的發展。我們今天會說「一個圖像或想法像病毒一樣瘋傳」，很大程度上是受到葛拉威爾《引爆趨勢》的啟發。

葛拉威爾對「引爆點」（tipping point）的定義是：一個想法、行為或產品跨越某個臨界點，然後開始迅速爆發的瞬間。他用病毒來比喻想法或趨勢，一開始擴散速度緩慢，之後迅速變成具有超強傳染力的疫情或大流行病。

「葛拉威爾《引爆點》」的關鍵概念

葛拉威爾指出，有三個關鍵因素決定某些想法能否達到「引爆點」，然後像病毒般迅速蔓延。

扮演要角的少數關鍵人物

首先，他強調少數關鍵人物發揮的影響力。

連結者（connectors）能聚集大家，並在不同的人際網絡間穿梭溝通。儘管連結者與他人的連結或許較鬆散，但正是這些人能夠將想法傳播到特定群體之外。

專家（mavens）同樣也是連結者，但通常更有主見，並專心留意他人的需求。這類人包括：意見領袖、教育人士、記者和評論員等。

推銷員（salespeople）則憑藉他人對他們的信任「推銷」想法。例如，若美國前總統比爾・柯林頓（Bill Clinton）在記者會上提到自己正在閱讀《引爆趨勢》，他的一句話立即讓這本書的銷量激增。

定著因素

葛拉威爾提出的第二個關鍵因素是**定著因素**（stickiness factor），它包含兩個層面：

- 產品或想法本身到底有多大的吸引力和魅力。
- 能否在過多訊息、類似的想法或產品中脫穎而出。

這兩點至關重要。如果一樣東西缺乏吸引力或創意，即使促銷宣傳做得再好，最終市場仍不買單。

環境力量

決定想法能否引爆趨勢的最後一個因素是**環境力量**（power of context）。環境或優先順序出現變化，會導致訊息跨越「引爆點」，沸騰成為流行現象。這是因為我們身處的環境很重要，只要改變所在的環境（甚至只是承諾改變環境）都可能引爆流行。

葛拉威爾在書中以「破窗理論」為例，解釋環境的力量：當社會明顯出現反社會行為和輕微犯罪的跡象（例如破壞公物和「破窗」），若未及時制止，會助長更嚴重的犯罪擴散，因為這顯示犯罪行為已被社會默許。許多人認為這個理論過於簡化，但在一九九〇年代，紐約警察局長威廉．布雷頓（William Bratton）據此理論，針對輕微犯罪（例如逃票和破壞公物）採「零容忍」方式，導致整體犯罪率大幅下降。

怎麼應用

如何讓你的想法、產品或服務達到引爆點？葛拉威爾認為，要讓想法像「病毒」般快速傳播，需要以下步驟：

一、選擇引人入勝、具吸引力的主張或想法 —— 它有趣、新奇、對某群人有潛在的好處。

二、盡可能詳細理解該主張或想法的獨特性和吸引力，然後凸顯這些特點。

三、直接和以下三類關鍵人物互動交往：擁有廣泛人脈的人（連結者）；意見領袖（專家），例如記者；以及具號召力的人物（推銷員），例如名人或其他「英雄」。

四、選擇恰當的時機傳播想法 —— 利用當下的環境力量，確保想法契合當下的趨勢並讓群眾產生共鳴，讓想法在肥沃的土壤傳播擴散。

你可以想一想

- 最近有哪些成功達到引爆點或病毒式傳播的想法，讓你印象深刻？它們為何能成功？
- 你能運用引爆點技巧推廣哪個想法、產品或概念？
- 你是左右想法傳播速度的三種核心人物（連結者、專家或推銷員）之一嗎？
- 對你來說，最好的溝通方式和建立「黏性」的方式是什麼？例如，社群媒體是否是最佳平台？如果是，哪個社群平台最合適？

- 你如何運用引爆點技巧支持某項活動，例如慈善活動？

你可以讀這部經典

Gladwell, M.（2020）。引爆趨勢：小改變如何引發大流行（全球暢銷20週年典藏精裝版）（齊思賢譯）。時報。（原著出版於2002年）

第5部

為何人們願意追隨你？
領導力與團隊合作

33 勒溫的領導風格
Lewin's Leadership Styles

充分運用不同的領導方式。

綜覽勒溫的領導風格

寇特・勒溫（Kurt Lewin）是心理學家，也是社會心理學領域的先驅。一九三九年，他帶領一組研究員，希望理解領導者如何透過不同的方式或風格影響同事。他們的研究成果被稱為「勒溫的領導風格框架」。當時，許多關於領導力的研究側重在領導者的個人特質和性格，但勒溫認為，基於領導者行為模式的領導風格更為靈活，對於判斷領導者的領導成效，更重要也更準確。

勒溫的研究問世以來，大家廣泛研究領導風格與行為，並成為領導力與管理學領域很重要的內容。許多學者對他的原始框架做了補充與擴充（下文會概述），但他提出領導風格的核心觀點仍深具影響力：領導風格應以行為為基礎，以及領導者需靈活調整風格，滿足團隊的需求。

溫勒領導風格的關鍵概念

勒溫認為領導風格分為以下三種：專制型（authoritarian）、民主型（democratic）與放任型（laissez-faire）。而今，大家普遍認為最成功的領導者不會只採用某一種領導風格，而是根據不同情境、團隊和任務，靈活調整與組合，既顧及到個別成員的需求，也順利完成任務。

專制型領導

專制型領導也稱為獨裁型領導，是指領導者獨自做出所有決策，不讓其他人參與決策過程。這種領導風格通常用於必須快速決策時，但可能會被認為罔顧團隊成員的需求和意見。專制型領導可能出現在下述情況：新創企業的創辦人急於實現自己的願景；或是發生高風險情況時，例如面臨手術、戰爭或迫在眉睫的危機時。在這些情況下，徵詢他人意見或下放權力，不是緩不濟急，就是不切實際。有時果斷下達指令的做法確實很重要，但現在大家普遍認為應該慎用專制型領導風格。

民主型領導

民主型領導又名參與型領導，是指領導者讓團隊成員參與決策過程，並鼓勵他們提供意見和想法。這種領導風格側重合作與協作，有助於提升成員的參與感和全力以赴的程度。

在今天的組織與企業裡，這種領導風格最常見。從專案團隊到董事會，以及介於兩者之間的所有團隊，多半都依賴鼓勵積極參與、相互支持的民主型領導風格。在多數組織裡，大家希望能表達觀點並做出貢獻。

放任型領導

放任型領導也稱為放權式領導（delegative leadership），是指領導者提供最少的指示，讓團隊成員自己決定。若團隊成員有充分的知識、經驗和技術做出一流的決策，這種領導風格會很有效；反之，如果成員不具備這些條件，會導致缺乏方向感和責任感。

若團隊成員分散在不同地區，領導者常預設採放任型領導。團隊成員若具備足夠的技能和經驗，或領導者希望給成員發揮的機會時，放任型領導可以發揮不錯的效果。但使用時需謹慎考慮，不能只因領導者習慣「放牛吃草」，或因為自己工作負荷過重、缺乏資源而默認這種風格。

大多數人可能無法認同勒溫呈現的工作世界。因為自一九三〇年代以來，職場環境已經發生翻天覆地的變化，有關領導行為與風格的理論也跟著演變。勒溫的領導風格框架曾受到批評，批評者認為勒溫領導風格框架過於簡化，未充分考慮情境和背景的重要性。但他側重領導者的行為模式，仍是後來許多更複雜框架的基礎，這些框架有助於我們理解領導者可能採用哪些不同的風格，以及何時採用才恰當。

情境領導（situational leadership）強調根據團隊的需求、能力和具體任務，調整領導風格。根據這個理論，並不存在放之四海而皆準的領導風格，領導者應該靈活調整自己的做法，以符合團隊的需求和所處的情況（請參閱34，第187頁）

僕人式領導（servant leadership）聚焦於服務團隊和組織的需求。僕人式領導者將團隊的需求置於自己的需求之上，並致力於賦能和培養團隊成員。

真誠領導（authentic leadership）主張領導者需要真誠、透明、擁有自我覺察力。真誠的領導者能在團隊面前，卸下心防（表現脆弱的一面）、保持開放的態度，並透過誠實以待、透明作風，建立信任和公信力。

變革型領導（transformational leadership）聚焦在激勵和鼓舞團隊成員發揮最大的潛力。變革型領導者制定共同的願景，並賦能追隨者，鼓勵他們發揮創造性思考力，進行需要涉險的行動（風險經過深思熟慮與計算），目的是實現共同的願景。

怎麼應用

勒溫的領導風格框架與基於這框架所擴充的理論主張，為了達到最佳成績，領導者應該根據面臨的情況和共事成員的技能、經驗和態度，調整自己的領導風格。大多數領導者有偏好或預設的風格，但不見得最合適。

例如，面臨危機時，可能更適合較強勢的領導風格，即領導者需要下達具體的指示和方向。當一切進展順暢，你也希望培養共事的同事時，那麼較民主的領導風格可能更合適。領導者也會根據團隊成員執行任務所具備的能力與經驗，採用不同的領導風格。

以下是應用勒溫領導風格框架的幾個建議：

根據情況決定最合適的風格

這取決於面臨的情況和團隊的需求。考慮團隊成員的技能、知識和集體累積的經驗，任務的複雜性和重要性，以及可供決策的時間。

清楚溝通

無論採用何種領導風格，務必向團隊清楚溝通期望的結果與決策過程。這有助於確保每個人有一致的共識，並朝著相同的目標共同努力。

對反饋保持開放心態

允許團隊成員提供反饋意見，有助於建立合作無間、彼此包容的團隊環境。這在採用民主式或放任式領導風格時尤為重要。

追蹤和評估

定期追蹤評估你所使用的領導風格是否有效，並在必要時調整或改變。向團隊成員和同事徵求反饋意見，以便了解自己的領導風格與實際情況是否配合。

靈活變通

最成功的領導者會根據團隊需求和具體的工作要求，調整自己的領導風格。以開放的態度嘗試不同的風格，並願意根據需要而調整。

你可以想一想

- 你通常採用勒溫的何種領導風格？這種風格一定最有效嗎？
- 參考組織其他領導者使用的風格。哪些風格對他們最有效？為什麼？
- 領導風格如何影響你身為團隊成員的體驗？你經歷過哪些不同的領導風格？它們帶來哪些好處和挑戰？
- 根據不同的情境，你會如何採用不同的領導風格？在什麼情況下專制型領導最有效？什麼時候民主型或放任型領導更合適？
- 你如何將勒溫領導風格框架中的核心想法，融入實際的領導行為中？

你可以讀這部經典

Ashton, J. (2002). *The Nine Types of Leader: How the Leaders of Tomorrow Can Learn from the Leaders of Today*. Back Bay Books（目前無繁體中文譯本）

34 情境領導
Situational Leadership

根據情境和優先順序，調整領導風格。

綜覽情境領導

保羅．赫西（Paul Hersey）與肯恩．布蘭查（Ken Blanchard）一九六〇年代和七〇年代，提出情境領導理論。自此之後，大家廣泛將情境領導理論用於管理和領導力培訓。該理論的核心是，「一體適用」的領導方式無法充分滿足所有條件。實際上，領導者和管理階層需要根據領導的個體或團隊的具體需求與能力，調整領導方式。該理論主張，根據團隊成員的意願和經驗（全力以赴的程度和勝任能力），決定最適合的領導方式；目的是希望最大化成員的成長與發展，並實現預期的目標。

情境領導成為強調嚴謹、細節、具體明確與現實世界適用的管理方法，對領導與管理領域產生了深遠影響。該理論屬於行為學派（behaviouralist）的領導理論，這種領導方式將重點放在領導者的行為上，而非領導者與生俱來的個人特質和性格。例如，傳統觀念認為領導者是天生的，而非後天栽培；領導者毫無例外都是男性，並具備威權果斷、自信堅定等刻板特質。

赫西和布蘭查有見地又實用的模型對這種一成不變的領導方式提出了建設性批評，並鼓勵領導者和組織了解還有哪些不同的領導風格，以及該如何和何時運用這些風格。

情境領導的關鍵概念

赫西和布蘭查提出的深刻觀點為，不同的人擁有相異的能力和工作態度（承諾），所以高效的領導 —— 讓員工發揮最佳表現，需要因材施教與調整領導風格，以符合員工的能力、任務與所面臨的情況。

兩人列出四種主要的領導風格：

- 指示／指令型（directing）
- 教練型（coaching）
- 支援型（supporting）
- 授權型（delegating）

了解這四種領導風格有助於領導者選擇最適合的類型，不僅確保有效完成任務，還能幫助員工成長進步，升級到更高的能力水準。

情境領導風格的分類如下：

能力低，意願高

這類人缺乏完成任務或實現目標所需的技能和經驗，但具有動力和熱情。適合這些人的領導風格是**指示／指令型**，領導者會提供明確的指示並密切監督他們的工作。

能力平平，意願低

這類人擁有一定水準的知識和技能，但缺乏獨立工作的信心或動力。針對這種情況，合適的領導風格是**教練型**。領導者提供指導和支持，建立他們的信心和意願。

能力中高水準，意願忽高忽低

這類人有完成任務或實現目標所需的知識和技能，但在某些領域可能缺乏信心或動力。這些人適合**支援型**的領導風格，領導者提供反饋意見和支持，強化他們的積極行為，幫助對方克服障礙，並建立他們的信心和意願。

能力高，意願高

這類人擁有完成任務或實現目標所需的知識、技能和動力，幾乎不需要任何指導或支持。這些人合適的領導風格是**授權型**，領導者放權讓他們擁有獨立進行與完成任務的自主權。

值得注意的是，情境（context）和任務同樣重要。例如，一位外科女醫生強調，她能相對輕鬆地同時進行兩台手術。這是因為外科醫生具備的技能中，包括知道何時該下達指令並掌控局面，何時應該授權（例如，縫合傷口可以交給更年輕的同事），以及何時和如何為正在學習的同事提供指導和支持。

有人批評情境領導過於簡化：雖然這四種類別比過去的領導理論已有所改進，但並未充分考慮領導方式在現實實務中可能面臨的細微差異和複雜性。也有人認為，它過於強調領導者的風格，忽略追隨者的需求和偏好。畢竟領導力如今已被視為建立在雙向關係上，更能依不同的文化背景調適。

然而，管理和領導需要考慮牽涉到的人員與情境，這個觀點至今依然務實且實用（儘管有些簡略），且可用於管理和領導技能與動力水準各異的員工。

怎麼應用

什麼才是最佳的領導方式？答案是：因材施教、因地制宜。取決於情境、緊急程度、危險性或風險、身邊的人、過往經驗、所需技能的水準，以及許多其他因素。談到領導力，顯然沒有一種固定的方式適用於所有情況，但還是有幾個簡單的步驟可供參考。

保持開放，理解情況與領導對象

開放的態度首先從自身做起：你感覺目前面臨什麼情況？是否能順利進展或解決問題？身為領導者，若使用情境領導，首先要評估每個追隨者的能力和意願。這代表要注意對方具備的知識、技能和態度（包括自信心），能否勝任任務或目標。通常透過觀察、意見反饋和討論進行評估。

調整風格

理解與掌握情況之後，你可以選擇最合適的領導風格或方式。隨著時間推移，領導風格會跟著改變。當某人累積了經驗或更有意願努力工作，或是你負責的任務改變時，領導風格也需要跟著調整。

雙向溝通、提供反饋和支持

情境領導強調需要持續提供反饋與支持，幫助追隨者發展和學習。這包括了輔導、指導和培訓，以及肯定或獎勵優異的表現。

追蹤進展

情境領導強調必須定期評估發展過程所需要的資源與支援，因為需求會隨時間改變。這類診斷性評估要持續進行，並非執行一次就可完成。

你可以想一想

- 與人共事時，你如何有效評估對方的能力和意願？如何改善評估方式？
- 你與同事之間的溝通成效如何？你如何在適當的時間，以適當的方式進行溝通？
- 你如何在適當的時機，使用最有效的領導風格（指示、教練、支援和授權）？你如何改進？

- 你如何領導他人或與他人合作（例如，同在一個專案團隊）？領導方式是否足夠靈活、有彈性？
- 運用情境領導的潛在挑戰是什麼？

你可以上這個網站

參考「領導力研究中心」提供的資源和深入觀點：www.situational.com。

35 夏藍的領導力管道
Charan's Leadership Pipeline

辨識、培育並支持各層級的領導者。

綜覽夏藍的領導力管道

瑞姆・夏藍（Ram Charan）、史帝芬・德羅特（Stephen Drotter）和詹姆斯・諾艾爾（James Noel）在二〇〇一年的共同著作《領導力管道：如何打造各級領導人？》（*The Leadership Pipeline: How to Build the Leadership Powered Company*，暫譯）中，提出領導力管道模型。該模型提供協助企業辨識、培育並支持有潛力領導者的框架。框架之所以發展是根據一九七〇年代商業分析師華特・馬勒（Walter Mahler）對奇異公司（General Electric, GE）所做的研究。大家廣泛認為，領導力管道模型提出重要且實用的思路，對於培育領導者與領導力發展的領域貢獻卓著。

夏藍等人認為，傳統的領導力發展方式多半側重加強現有的領導技能，而非學習新技能。領導力管道模型則主張，當新技能建立在上一個層級已學到的穩固基礎上，並給予足夠的時間與充分的支持時，讓員工學到下一個職位需要的技能，才是最有效的幹部儲備方式。

領導力管道框架注意如何建立既能滿足當前需求，又能為未來準備的領導幹部儲備管道。它定義了六個關鍵的領導力培育途徑，用於評估領導能力、領導者發展進程與能力提升程度，以因應各階段的挑戰。

夏藍領導力管道的關鍵概念

領導力管道模型提出領導者或幹部的職涯發展，包括六個重要階段。每階段的轉變無法一蹴可幾，也並非上完一門課就能精通，而是需要透過練習、累積經驗，並得到上級主管和同仁的支持，才能掌握各階段所需的核心能力。領導力管道模型旨在協助領導者和組織立刻成功實現目標，同時為未來做好準備 —— 並將專業知識內化到組織裡。成功建立穩健的領導力管道，需要最高領導層以身作則，展現新的行為、態度和技能，並將這些特質層層向下傳遞。該模型定義了六個關鍵發展階段，強調：領導者必須在每個階段都成功完成轉型，才能繼續往下一階段邁進：

階段一、從管理自己到管理他人

階段二、從管理他人到管理經理級人員

階段三、從管理經理人員到擔任部門主管（functional director）

階段四、從部門主管到事業部總經理（business director）

階段五、從事業部總經理到集團事業部總監（group business director）

階段六、從集團事業部總監到企業執行長（enterprise manager）。

夏藍等人指出，許多人在職涯轉折（過渡）時缺乏足夠的支持與準備，因此往往只是模仿前任的行為，並透過試錯（trial and error）摸索自己的工作方式。然而，領導力管道模型明確定義每個階段成功轉型所需的技能與特質，可歸納為三個關鍵領域：分享價值觀、管理時間和學習新技能。

每個人必須在每個階段掌握這些技能與行為後，才能順利晉升至下一階段。學習新技能、有效管理時間與分享價值觀，不僅讓個人更有能力，也能嘉惠整個組織，讓組織更有競爭力。

當代的觀點認為，與領導力相關的特質和行為，不會只限於高層主管，而是遍布整體組織。各層級與各部門的員工，往往能提供無價的公信力、經驗與專業知識。這種觀點被「分布式領導力」（distributed leadership）一詞所概括，挑戰了將領導力與正式職稱或頭銜劃上等號的傳統觀念，改而強調協作、放權與集體決策的重要性。

儘管領導力管道模型的領導力培育方式，採用較傳統的層級式架構，但它與分布式領導力的概念並不矛盾。該模型仍然是發掘與培養各層級領導人才和領導力的重要工具，提供員工發展技能的機會、鼓勵協作與共同決策，並培養重視與支持人才的文化，無論他們位於組織架構的哪個層級。

怎麼應用

夏藍的領導力管道模型強調，透過六個關鍵階段，發掘、培育與支持經理和領導者，並隨著時間推移，逐步在各階段建立相應的能力。該模型凸顯，從一個層級轉折、晉升到更高層級時，需要發展哪些技能與思維，才能讓能力配得上職位，因應日益複雜的工作內容與策略挑戰。

在每個階段，員工需要清楚了解哪些能力能確保他們穩定、公開透明且高效地履行職責。此外，他們必須發展並精進未來所需的技能。從一個層級晉升（轉變）到另一個層級的過程並不容易，要順利適應或掌握每個階段的新角色，首先需要理解每階段的轉變有什麼具體要求與挑戰。

階段一：從管理自己到管理他人

這通常是最具挑戰性的轉變，因為此階段要求你從自己完成任務，轉變為透過他人完成任務。這代表需要理解並留意他人和整個業務的需求。許多首次擔任管理職的人在適應新角色時，往往會試圖繼續完成之前負責的工作，同時努力適應新角色。其實他們應該停下來，學習如何在兩者間取得平衡。例如，當你負責管理一個新成立的團隊時，不僅需要留意團隊動態與有效分配任務，還得為自己需要完成的任務留下時間，這就要求你必須學會教導、指導和委派任務等的能力。

階段二：從管理他人到管理經理級人員

管理經理級幹部的主管，他們主要職責包括：提升生產力並透過他人實現成果，自身較少直接參與（執行）任務；不會自己親自向基層員工下達指示，而是透過自己管理的直屬幹部向下傳達資訊。這個階段至關重要，因為經理級幹部的管理者如果不稱職，可能對組織的營運績效與生產力產生重大影響。

階段三：從管理經理級人員到擔任部門主管

晉升到部門管理層（例如負責銷售、生產或更大型的專案團隊），這階層的主管需要承擔不熟悉的工作領域，因此必須依賴他人的專業知識。部門主管應與他人協作交流，共享自己在這過程中得到的領悟與學習心得，努力提升自己的專業能力，同時帶領其他人一起成長。

階段四：從部門主管到事業部總經理

這一轉變代表有更高的自主權，事業部總經理需要承擔更大的責任，並協調多個部門或團隊。這個層級的管理者會更深入參與制定與執行影響整個組織的策略計畫。

要成功完成這一轉折（過渡），最好的方式是實地深入「基層」，與各部門的經理交流，了解他們的需求與挑戰，並設定目標，以追蹤掌握業務進度並預見可能出現的問題。

階段五：從事業部總經理到集團事業部總監

此轉變代表從負責單獨到管理多個事業體的整體營運，不僅確保每個事業體成功，同時也須確保集團旗下所有事業體成功。這階段的管理者將深度參與制定事業體和集團的策略與目標。這需要新的技能、洞察力與不同的管理風格，包括：領導他人、財務管理、執行策略、溝通管理及與客戶互動。

階段六：從集團事業部總監到企業執行長

這最後階段的轉型所需的技能不同於之前的階段，也是綜合前幾個階段轉型的集大成。執行長是組織架構中的高階成員，負責更廣泛的營運，通常需要管理多個部門和預算項目。該角色須具備清晰的價值觀與理念，須面對更多利害關係人的施壓。優秀的執行長須平衡外部利益相關方的需求與企業的短期和長期目標，同時制定清晰的長期策略，有效管理與激勵由多位高階主管（各自有獨特的需求）組成的團隊。

在實務上，領導力管道框架列出的六階段轉變會因組織、參與的員工、產業特質、組織文化與環境背景而不同。根據組織需求進行客製化調整，領導力管道模型有助於員工發展必要的技能，以匹配（勝任）當前的職位與所在的管理層級。

活用領導力管道模型

對於希望活用該模型的人來說，兩個問題尤為關鍵。一，我需要做什麼才能成功勝任當前職位？二，為下一個職位做好準備，我現在應該做什麼？無論你處於領導力管道模型的哪個階段，這些問題都適用。

對於高階管理人員及其他負責培育與拔擢人才的主管來說，這些問題更加細膩並依具體情境而異。例如：所有職位的職責與能力要求是否與時俱進且與企業的目標相符？我們是否努力發掘並培育具有潛力的人才？我們是否為各層級的員工提供足夠的支持與發展機會，以便他們能在領導力管道中持續成長進步？

你可以想一想

- 領導力管道對你職涯發展有何意義與影響？你是否積極精進當前的角色並為下一個角色預作準備？

- 你能將組織的結構對應到領導力管道框架嗎？
- 組織現有的人才培育計畫，是否能有效幫助儲備人才承擔新的角色和責任？
- 你的組織如何利用領導力管道模型，建立強大的領導接班計畫？
- 領導力管道模型如何與其他領導力培育方法或模型搭配使用？

你可以讀這部經典

Charan, R., Drotter, S., Noel, J. (2024). *The Leadership Pipeline: Developing Leaders in the Digital Age*. Wiley.（目前無繁體中文譯本）

36 貝爾賓團隊角色理論
Belbin Team Roles

理解與改善團隊運作方式。

綜覽貝爾賓團隊角色理論

英國心理學家馬里諦斯・貝爾賓（Meredith Belbin）的研究結晶，為職場中最常見、也最具挑戰性的課題之一 —— 理解與改善團隊的運作方式 —— 提供了影響深遠的見解。貝爾賓列出成功團隊需要有九種不同的行為類型或角色。理解這些角色，對於建立、領導或僅是參與團隊的工作，都極具價值。

貝爾賓的研究重點之一是探討團隊實際運作的方式。他鑽研各類團隊的成員與群體行為，提出**團隊角色理論**（team roles theory）。理論的核心洞見是：團隊裡每個成員都有自己偏好的角色與行事風格；雖然成員可能展現多種角色的特徵，但通常會有一、兩種風格占主導地位。值得注意的是，團隊角色留意的是行為，而非人格特質。這代表團員可承擔不同的角色，並透過學習適應團隊某個角色：即他們的初始偏好並非固定或不可改變。

在一九八〇年代之前，組織通常將員工簡單分為：勞動者與管理人員（或領導者）。貝爾賓的研究則強調介於個人與組織之間的單位，也就是團隊的動態關係。儘管自一九八〇年代以來，有關團隊動態關係與團隊合作的研究與理論已有顯著改變，但貝爾賓的理論依然為嚴謹而有條理的理解和分析團隊動態關係，提供了參考基準與起點。

貝爾賓團隊角色理論的關鍵概念

理解團隊成員在團隊扮演的角色，對每個成員都極具價值，對團隊領導者也很有幫助。最重要的是，這個理論為團隊提供一個實用的工具，協助管理團隊與強化團隊運作。

貝爾賓將九種團隊角色歸納為三大類：行動型（action）、思考型（thinking）與社交型（social）。這些角色並無高低之分，每個角色都有其優勢（對團隊的貢獻），以及貝爾賓所稱的「可接受的弱點」（allowable weaknesses）。真正重要的是，團隊內部的角色要多元，角色類型需要平衡。值得注意的是，九種角色並不代表團隊必須至少有九個成員，才能涵蓋這九種行為。不過貝爾賓確實認為，無論團隊規模大小，若能涵蓋他提出的三大類別的多種行為，團隊的成功機率會更高。貝爾賓的九種團隊角色如圖表13所示。

雖然貝爾賓認為團隊裡，每個成員傾向扮演某種角色，但他們在團隊裡的行為仍可能因情境、目標、團隊關係、領導者的風格、成員的文化與經驗，以及整體情況而有所不同。

理解貝爾賓的團隊角色模型，有助於促進團隊內部進行討論與交流，讓成員留意自身的優勢、劣勢、可發揮的角色，以及能為團隊成功完成使命與順利運作做出哪些具體貢獻。此外，這一模型也提供了統一的語言與理解框架，讓成員能更系統的理解彼此角色並改善團隊的動態關係。

怎麼應用

貝爾賓的團隊角色模型是實用的工具，能幫助團隊成員確認自己可貢獻什麼，以及可能具備的優勢與潛在弱點。重要的是，貝爾賓團隊角色模型注意的是行為，而非人格特質。因此，成員可以根據特定情況的要求，或為了提升團隊的平衡與整體效能而選擇承擔不同的團隊角色。

圖表13：貝爾賓9種團隊角色及其優缺點

行動導向型角色	優點	可接受的弱點
1 執行者	有紀律、可靠、有效率 能將想法轉化為實際行動 能準時交付	可能缺乏彈性或反應緩慢
2 完成者	盡責、謹慎不鬆懈 善於發現錯誤與疏漏 能準時交付	過度擔憂（讓人不安），不願意授權
3 形塑者	好挑戰與充滿活力，能在做出決策與解決問題的高壓下茁壯成長，具備克服障礙的動力與勇氣	容易咄咄逼人，可能讓他人覺得被冒犯
思考導向型角色	**優勢**	**可接受的弱點**
4 創新者	有創意、富想像力、用異於常規的方式解決難題	忽略細節，可能過於專注某事而無法有效與他人溝通
5 專家	高度專注、主動、敬業 提供寶貴的專業知識與技能	過於專注技術層面的細節 他們的貢獻可能會局限於特定領域或範疇
6 監察員	冷靜、有謀略、觀點犀利 審視所有選項並做出公正準確的判斷與分析	缺乏動力和激勵他人的能力
社交導向型角色	**優點**	**可接受的弱點**
7 資源調查者	外向、熱情、善於溝通 探索機會並建立人際關係，這在研究和實施決策時至關重要	過於樂觀 一旦一開始的興奮感消褪，可能會失去興趣
8 協調者	成熟、自信且擅長組織 釐清目標、落實決策並善於分配工作	可能會被視為操控性強，有時會推卸工作
9 團隊工作者	合作性強、敏銳觀察力、具外交手腕 善於傾聽、建立關係、避免衝突	關鍵時刻可能會猶豫不決

了解團隊成員的優勢與偏好的角色

確認團隊每個成員的典型角色或偏好，有助於深入了解每個成員對團隊的貢獻。這些角色可能與其他成員的角色相似、重疊或形成對比；討論這些問題有助於提升團隊成員互相理解、欣賞與建立凝聚力，同時也可促成團隊更高效的合作。

反思整個團隊

思考團隊的角色分配。團隊裡是否缺乏哪些角色，或者某些角色類型和角色之間存在過多重複？例如，如果你希望團隊多元化，一定需要「創新者」貢獻新點子。此外，你至少還需要「形塑者」協助提高想法的可行性，也需要「執行者」制定執行計畫，並且還要「團隊工作者」確保每個人都派上用場，以及讓大家對於討論中的想法形成共識。

討論如何讓角色類型達到最佳平衡

讓團隊成員基於個別的優勢和可接受的弱點，提出三個行動建議：這種團隊配置提供了哪些機會？優先事項為何，哪些地方存在脆弱性？如何解決這些問題？

你可以想一想

- 你在團隊中通常扮演什麼角色？
- 你可以另外承擔哪些角色？
- 身為團隊成員，你的優勢與劣勢是什麼？
- 你在團隊何時表現好？你通常在什麼情況下會遇到困難？
- 你的團隊對於工作方式是否制定了明確的章程或規則？是否有一致同意的行為和互動方式、明確目標、衡量進度或績效的方法，以及有共識的（並定期更新的）優先事項？

你可以上這個網站

參考貝爾賓網站的資源：www.Belbin. com。

37 塔克曼的團隊發展階段
Tuckman's Stages of Team Development

團隊動態關係的演變與變化。

綜覽「塔克曼團隊發展階段」

成為你團隊的成員會有什麼感覺？你們是高效團隊嗎？像一台運轉順暢的機器，朝著明確的目標前進，成員相互支持，大家一路都能樂於工作嗎？還是有時候你們團隊的整體表現未能達到預期的效果，導致挫敗感，甚至引發衝突？

即使最優秀的團隊也會有進展不順的時刻，因此了解團隊通常如何運作，即團隊動態，有助於團隊更順暢、無阻地邁向成功。塔克曼的團隊發展階段模型是以此概念為核心。布魯斯・塔克曼（Bruce Tuckman）是美國心理學家，研究群體動態，以及團隊如何形成、發展和運作。他在一九六五年首次提出團隊發展模型的四個階段——形成期（forming）、風暴期（storming）、規範期（norming）和表現期（performing）。

這個模型的核心概念是：團隊在形成和成熟過程中，通常會經歷一系列階段。這些階段描述了團隊在合作、進化和變化過程中，會面臨的不同挑戰和動態。

大家廣泛採用塔克曼的團隊發展階段模型，並應用在商業、教育和體育等領域。這些階段被視為有效理解和提升團隊績效的方法。

「塔克曼團隊發展階段」的關鍵概念

任何團隊的最終目標都是高效、順暢合作並保持和諧。塔克曼提出，團隊在達到此目標前會經歷四個階段。

形成期是團隊剛成立的階段，重點在於建立團隊結構、互相了解成員。成員可能不確定自己的角色和職責，並且可能會小心翼翼的互動。

風暴期充滿挑戰，隨著成員開始表達自己的意見和想法，衝突和分歧可能浮現，這可能導致團隊內部的緊張和不和，成員在這階段會努力確立自己的角色和關係模式。

規範期階段，團隊成員開始化解衝突並確立明確的角色和職責。團隊成員開始形成凝聚力，能更有效合作並逐漸建立信任、協作與相互支持。

表現期是最後階段，團隊開始高效合作，努力實現目標。團隊成員具有強烈的團隊意識，能夠以建設性的方式解決衝突和挑戰。

後來塔克曼更新了模型，和瑪麗・安・詹森（Mary Ann Jensen）新增了第五個階段——**解散期**，指的是團隊在完成專案或達成目標後、解散或過渡轉型的過程。這個階段包括：收尾工作、慶祝成就、承認團隊之旅進入尾聲。它認清團隊有時有生命週期，收尾是團隊發展過程中重要的一環。

雖然這四個（或五個）階段是依序進行，但不見得總是按線性發展。例如，團隊有時會在某些階段「停滯不前」，尤其是在風暴期，或因為團隊動態發生變化而起伏不定，例如團隊成員出現變動（某人加入、離開或升職）。這個模型讓團隊成員能夠清楚看見何時發生並調整，然後再繼續前進。塔克曼模型提供一個簡單的框架，具體呈現團隊當前的狀態，並指導成員達成共識、解決問題。有人認為塔克曼的模型未充分考慮團隊的情境或文化，即團隊工作的環境可能對團隊的發展、運作和績效產生重大影響。然而，若搭配其他團隊相關理論（請參閱36，第198頁和38，第208頁）使用，塔克曼模型仍是有助於理解和掌握團隊合作動態，以及理解和掌握合作動態如何影響成員行為和表現的實用工具。

怎麼應用

塔克曼的團隊發展模型解釋了團隊自然演變的過程，從形成期（相互熟悉）、到風暴期（可能出現衝突）、再到規範期（建立凝聚力與協作），最終進入表現期（高效表現）。該模型強調，團隊應當重視並解決衝突，同時建立信任與合作，才能協助成員充分發揮潛力。

以下說明怎麼活用。

評估團隊的發展階段

你的團隊是否仍位於形成期嗎？卡在風暴期？還是已進入高效表現期？深思這些問題後，可以幫助你理解團隊當前面臨的具體挑戰與動態形式，並據此調整領導與管理方式，以滿足團隊需求。

設定願景

為引導工作方向，團隊需要清晰的願景與一致的目標，否則大家可能因困惑與不解而四分五裂。一旦確定團隊目前的發展階段，下一步是重新檢視願景與共同目標，確定它們是否明確可行，能帶領團隊找到合適的協作方式，朝共同目標邁進，實現預期的成果。設定願景能協助團隊聚焦需要改進的具體領域，並追蹤進展。

參與建立團隊共識的活動

塔克曼模型是一實用框架，可用於規畫建立團隊共識的活動，協助團隊順利度過並進入下一個發展階段，改善團隊整體表現。例如，在形成期和風暴期，活動應聚焦於建立明確的角色與職責。團員共同制定團隊章程，針對角色分配、職責、預期結果與彙報機制達成共識，這些活動能夠幫助團隊順利度過這個階段。一旦進入規範期和表現期，則可將重心轉向與溝通和協作相關的活動。

提供培訓與發展機會

塔克曼的團隊發展階段可當成設計培育計畫的框架，幫助團隊成員提升必要的技能與能力，對個人成長或提升團隊績效都有幫助。

指導與支持團隊成員

當團隊成員經歷不同的發展階段時，應持續支持他們，包括提供意見反饋與指導，促進彼此有效溝通與合作，幫助團隊成員解決衝突與挑戰。

此外，團隊的具體需求與特質，以及團隊文化與工作環境等因素，也會影響團隊的表現。塔克曼的模型假設團隊具備良好的發展條件，例如清晰的願景、適當的資源，以及足夠完成任務的時間與空間（請參閱38，第208頁）。應用塔克曼模型診斷團隊表現的過程中，這些更廣泛的議題也可能變得更清晰。

你可以想一想

- 確認團隊當前處於哪個發展階段，並概述相關的挑戰與動態。
- 如何使用塔克曼的團隊發展階段，作為設定團隊長期與短期目標的框架？
- 在當前階段，哪些建立團隊共識的活動或培育計畫對團隊最有幫助？
- 如何支持團隊成員在不同的發展階段下成長？
- 如何利用塔克曼的團隊發展階段，確認需要改進的領域並追蹤掌握團隊的進展？

你可以讀這部經典

Widdowson , L., Barbour, P. (2021). *Building Top-Performing Teams A Practical Guide to Team Coaching to Improve Collaboration and Drive Organizational Success*. Korgan Page.（目前無繁體中文譯本）

38 哈克曼的團隊成功要素
Hackman's Enabling Conditions for Teams

打造高效團隊的關鍵因素。

綜覽「哈克曼的團隊成功要素」

塔克曼的團隊發展階段模型留意團隊的內部動態。不過其他團隊理論則指出，這故事只講了一半：團隊還需要在能提供成員最佳成功機會的環境中營運。

組織心理學家理查・哈克曼（Richard Hackman）在二〇〇二年的著作《如何帶出好團隊》（*Leading Teams*，暫譯）中，提出了六個促成條件（enabling conditions），而這些條件對任何高效團隊都很關鍵。哈克曼觀察組織往往對團隊下達太多指示，說太多該做什麼及怎麼做；或是表達過於模糊，讓團隊自行設定目標並制定合作的方式，最終導致效率低下。

因此，留意這六個促成條件能夠提供團隊實現目標與充分發揮潛力的最佳機會。

「哈克曼團隊成功要素」的關鍵概念

哈克曼理論的核心觀點是，為了創造有利團隊成功的條件，領導者需要：

- 了解關鍵的促成條件，並隨時間加強這些條件。
- 知道如何完成任務，例如清楚闡述目標・展現高情商（請參閱2，第18頁）；根據團隊需求，知道何時需要下達更多指令，何時需要減少指令。

六個促成條件如下：

一、**清晰具體的目標**：團隊需要有清晰、具體的目標，且確保所有成員都理解。這有助於每個成員保持專注並受成果激勵。

二、**相互依賴**：團隊成員之間應該高度相互依賴，這代表他們的工作互有關聯，需要依賴彼此共同完成任務。

三、**提供支持的組織環境**：團隊應該擁有實現目標所需的資源、支持和自主權。

四、**互相支持的準則**：團隊成員應該互相尊重與支援。

五、**清晰的角色**：團隊成員需要清楚了解自己在團隊的角色和職責，而且這些角色與職責不應重複。團隊還需要知道團隊成員有誰，以及每個人扮演的角色。

六、**有效的團隊結構**：團隊應擁有能高效運作的結構，這可能包括順暢透明的溝通管道和決策過程。

建立並維持這些促成條件，有助於團隊在最有利的狀態下成功實現目標。這些促成條件打造了有利團隊的環境，讓團隊能夠高效合作，朝共同目標邁進。

除了上述六個促成條件，哈克曼也承認，還有其他幾個因素也是協助團隊成功的關鍵，應該納入考慮。

團隊成員的技能和能力。一個擁有多元技能和能力的團隊會更有餘裕應對不同的任務和挑戰。

外部因素。團隊所在的環境和擁有的資源也會影響表現。團隊若擁有必要的工具、設備和支持，成功實現目標的機率會高於缺乏資源的團隊。

領導力。領導者的管理方式對團隊的成功也至關重要。支持團隊成員、願意下放權力及強調透明度的領導者，可以營造積極正向的團隊文化，提高團隊成功的機率。

而今，你還需要納入其他因素，例如多元化的思維方式，或者可能影響團隊成功要素的外部因素，諸如互爭資源的優先事項，這可能破壞團隊內部相互依賴與支援的氣氛。

怎麼應用

哈克曼理論強調，高績效的團隊領導者需要營造有利團隊茁壯成長的條件，包括：提供明確且有意義的目標、打造互相支持和協作的環境、確定合適的人選與結構。

成功的團隊領導者應留意團隊的長期績效與發展，不會只看重當下的結果。領導者應該理解他們帶領每個團隊的獨特動態與挑戰。

實務上，為了創造促成高績效團隊的有利條件，團隊領導者需要做到以下幾點。

設定明確的目標

為團隊制定明確、可衡量、可實現、有關聯性、有時間性（SMART）的目標（請參閱39，第212頁）。這可幫助團隊成員了解前進的方向，以及自己的工作如何與整體目標相關。

鼓勵相互依賴

分配任務時，要求團隊成員通力合作、互相依賴，一起完成任務。鼓勵開放的溝通與資源共享，以利成員攜手合作。

提供支援和資源

確保團隊擁有成功所需的資源和支援，包括：提供訓練、設備和資訊，以及給予成員足夠的時間完成任務。

制定相互支持的準則

明確制定團隊成員應有的行為，無論他們是與自己團員合作，還是與團隊以外的人一起工作。鼓勵團員互相支持和尊重，領導者以身作則，示範該有的行為舉止。

明確角色和職責

明確定義每位團隊成員的角色和職責，並根據需要定期檢討與更新這些角色。

建立有效的團隊結構

設計透明的溝通管道、明確的決策過程和處理衝突的規章，目的是建立有效的團隊結構。

你可以想一想

- 哈克曼的團隊成功要素如何提高團隊表現？
- 你的團隊目標和任務是什麼？它們是否明確且具體？
- 團隊成員的角色和職責是否明確？每個人都知道彼此負責什麼內容嗎？
- 如何安排任務，促進成員之間相互依賴？
- 如何在團隊內部推動互相支持的準則？

你可以讀這部經典

Hackman, J. R. (2002). *Leading Teams: Setting the Stage for Great Performances*. Harvard Business Review Press.（目前無繁體中文譯本）

39 SMART目標設定
SMART Goal Setting

制定實際且可實現的目標。

綜覽SMART目標設定

目標設定已發展成強大、有效且普及的方法，幫助員工和組織專心實現一致同意的優先事項。設定目標的過程需要考慮制定明確的目標、繪製達成目標的路線圖，以及衡量進展。

目標設定是一個過程，需要採取彈性而動態的做法，超越紙上談兵或空想，所以涵蓋實踐、謹慎的規畫、執行、適應與溝通等行動。

艾德溫・洛克（Edwin Locke）是最早倡議目標設定的學者之一，一九六八年發表的文章〈任務動機與激勵理論初探〉（Toward a theory of task motivation and incentives，暫譯），強調明確的目標和建設性反饋能激發人的動力；解釋目標如果具體且可衡量，那麼達成目標的機率會更大。

之後，出現各種目標設定的技術和模型，其中包括SMART架構（也有人認為是洛克本人提出的）。這五個字母強調的核心概念是：設定具體的目標；目標的挑戰難度適中；配合有建設性的反饋和不懈的行動；如此一來目標設定可以是強大的工具，協助個人和企業成功完成計畫。目標設定被管理學大師彼得・杜拉克的一句名言精闢概括了核心：「可評量的東西，才能管理。」

SMART目標設定的關鍵概念

SMART是五個英文單字的頭字縮寫，代表有效設定目標的準則。

具體（specific）

設定清晰明確的目標，避免任何模糊性的空間。具體的目標應該回答以下問題：我想達成什麼目標？為什麼這目標很重要？我將如何實現它？

可衡量（measurable）

可衡量的目標代表更容易追蹤進度，以便確定何時可成功達成目標。因此任何目標從一開始就應符合可量化、具體明確等標準。

可實現（achievable）

目標具備適當的挑戰性固然重要，但也應該現實可行，而且必須考慮現有的資源與時間。過於遙不可及的目標反而會讓人失去動力。

相關性（relevant）

目標必須與團隊或組織的整體目標保持一致（如果是個人目標，則應符合自身價值觀與長遠目標）。目標需要與更廣泛的工作或生活產生關聯才有意義。

有時間性（time-bound）

目標應設定明確的時間範圍或截止日期，這會讓人產生急迫感與動力，有助於有效管理時間與確定優先順序。

因此，與其籠統地要求同事「提高社群媒體用戶黏著度」，不如設定SMART目標，例如：「在第一季度內，Instagram追蹤人數增加一五%。」

以下是其他大家廣泛使用的目標設定框架。

目標與關鍵結果（objectives and key results, OKRs）。目標：定義需要實現的內容。關鍵結果：確立具體與可衡量的結果，以利追蹤進度。

關鍵績效指標（key performance indicators, KPIs）。建立關鍵指標，並據此設定目標，這些指標可衡量各個領域的績效與表現。

個人發展計畫（personal development plans, PDPs）：重點整理個人目標，概述個人成長機會，以及個人與專業發展的方向。

逆向目標設定（backward goal setting）：先確定最終目標，再倒推需要採取哪些步驟實現目標。

目標管理（management by objectives, MBO）：由管理者與員工共同設定目標，強調一致、共識、積極參與。

宏偉、艱難和大膽的目標（big, hairy, audacious goals, BHAGs）：具偉大抱負的長期目標，鼓勵組織突破常規，聚焦核心願景。

至於要採用哪種方法取決於個人的背景與環境，例如設定個人或企業目標，以及目標的性質。

也可以結合不同方法的元素，針對目標設定制定更完整的策略與方法。

怎麼應用

SMART框架只是諸多目標設定模型之一，本質上與其他方法或模型差不多，都需清楚闡明想達成的目標，並清楚解釋如何實現。目標可分為兩大類：

一、**最終目標**（end goals or objectives）：例如，「我們將在第一年售出一千台新產品」是最終目標。

二、**持續對齊特定目標的績效目標**（performance goals with continuous aims）：例如，「我們將打造教練型文化，讓員工能夠定期獲得反饋與支持」屬於績效目標。

無論選擇哪種方法，設定目標的過程，通常包含以下幾個要素。

確立目標並決定優先順序

首先，確立目標，並清楚傳達你想要達到什麼結果。可以是個人或專業層面的目標，也可分為短期或長期目標。此外，決定優先順序也至關重要。你需要確認最重要的目標，確保時間與精力聚焦在這些目標上。

培養動機

當目標明確且具相關性時，才更可能堅持。明確的目標具備激勵作用，為員工提供方向與使命感，帶領員工朝著值得努力的目標前進。

此外，目標也是決策的重要依據，能夠幫助你評估某項行動是否對齊自己預期的結果。

追蹤與評量進展

建立可評量的指標，讓你能夠追蹤進度，並在需要時提供量化數據，以利評估與調整。

反饋機制也同樣重要。定期檢查進度，有助於適時調整，確保目標始終保持相關性，並對齊不斷調整優先順序。

充分利用目標

目標能幫助你找出關鍵任務與活動，減少分心或因工作量過多而不堪負荷。設定最後期限與時間框架可提升效率，避免拖延。此外，目標會鼓勵人持續學習新技能與新知，保持成長與進步。

在組織裡，目標設定可協助團隊對齊目標，提升協作與綜效。此外，目標也讓溝通時有明確的焦點與重點，清楚傳達目標能確保所有成員理解共同的願景，以及自己在實現該目標中應扮演的角色。

將目標當成克服障礙和挫折的框架，激勵我們在面對困難與挑戰時能堅持不懈。

慶祝成就

達成目標後，別忘了慶祝。實現目標讓人有成就感，慶祝這些成就有助於強化動力與堅持承諾的決心。

你可以想一想

- 我想要優先實現的目標是什麼？
- 我如何將SMART目標設定框架應用在職涯與人生？
- 什麼是最適合我的目標設定方法？
- 我的時間框架是否合理且符合現實？
- 我是否獲得（或提供）反饋，協助達成目標？

你可以讀這部經典

Tracy, B.（2019）。Goals！沒有目標，你哪裡都到不了：12步驟解決你人生、職場、家庭、社交的魯蛇焦慮（林麗雪、徐智菁譯）。Smart智富。（原著出版於2010年）

40 馬斯洛需求層次理論
Maslow's Hierarchy of Needs

理解動機。

綜覽「馬斯洛需求層次理論」

眾人希望理解並掌握職場中最難捉摸的技能之一，且反覆討論，也認真在紙上記錄的問題是：如何激勵員工完成主管需要他們做的事。這是長期研究的課題，除了職場工作者留意，不同學科的學者專家早已開始探索人類為何會做出某些行為，以及行為背後的心理動力。研究顯示，當個人受到激勵時，不僅會完成分內工作，甚至會做到超出預期的程度。這不僅會顯著改善他們對工作的體驗與感受，也會對工作績效與工作效率產生實質影響。那麼如何才能達到這樣的效果？讓我們回到過去，尋找答案。

美國心理學家亞伯拉罕．馬斯洛（Abraham Maslow）在一九四三年首次提出需求層次理論。他認為，滿足個人的需求是讓他們產生動力的關鍵。根據馬斯洛的觀點指出，人類的需求有層次，從最基本的生理需求開始，逐步升級到更複雜的需求，包括：安全與保障、愛與歸屬感、自尊（受尊重）、最終達到自我實現——即一個人能夠充分發揮潛能，並找到成就感。該理論通常以金字塔的形式呈現，自我實現位於最頂端。

在職場中，馬斯洛的需求層次理論顯示，當員工的需求得到滿足，比較可能產生積極投入工作的動力，進而提高工作效率與工作滿意度。企業若注意員工需求，便有助於打造激勵員工的環境。當環境安全、有吸引力並提供支持時，就能更有效激發員工的工作動力。

馬斯洛理論的核心概念借用早期心理學的方法，據此理解人類的動機。

對於過去被忽略的動機問題，他深入思考也做了嚴謹的分析。儘管按照今天的標準，馬斯洛的需求層次理論可能顯得過於簡單、缺乏深度，但它仍然是許多需求理論的基礎，探討如何激勵一個人的工作動力，幫助他們發揮最大的潛能。

「馬斯洛需求層次理論」的關鍵概念

馬斯洛將人的需求分為五層級，必須以從低到高的順序依序滿足。當滿足於每個層次的需求後，會受到鼓勵，追求更高層次的需求。滿足於較低層次的需求後，較低層次的重要性便會降低，而更高層次的需求則成為動機與動力的核心。最後達到馬斯洛需求層次理論的最高境界——自我實現。

以下依序說明底層到頂層的五個需求層次：

生理需求

這是最基本的需求，包括食物、水、住所及其他維持生命的基本生理需求。這些需求必須得到滿足，個體才能生存。

在職場，員工需要合理的薪資、舒適的工作環境，以及足夠的休息與用餐時間，才能滿足這些基本需求。

安全需求

當生理需求得到滿足後，個體會尋求滿足安全與保障的需求，例如遠離傷害、安全無虞的環境。

在職場，這類需求體現在提供員工工作保障，關心員工的健康與重視安全措施，這些因素能夠減少焦慮與壓力，進而提高員工的產能。

愛與歸屬感的需求

當生理需求與安全需求得到滿足後，個體開始尋求社交連結與歸屬感，包括與家人、朋友的關係，以及成為社群的一分子。

在職場，當員工感受到歸屬感與連結時，工作動力較高。這種需求可以透過與同事建立良好的互動關係和建立社群意識而實現。

受尊重的需求

當較低層次的需求滿足後，個體開始追求肯定、受尊重與成就感，諸如獲得他人重視與尊重、感覺自己有價值等。

在職場，滿足這些需求的方式包括：提供職涯發展機會、肯定員工的努力與成就、提供有挑戰性又能獲得成就感的工作。

自我實現的需求

自我實現是最高層次的需求，是指發揮個人潛能與實現自我成長，包括：探索創意、啟發思考、發展個人價值、實現人生目標等。

在職場，這代表提供持續進修與發展專業的機會，並為員工創造實現興趣與揮灑熱情的空間。

心理學家菲德烈・赫茲伯格（Frederick Herzberg）在一九五〇年代和六〇年代進一步深化馬斯洛的需求層次理論。

赫茲伯格的雙因素理論（two-factor theory）認為，影響動機的因素來自需求，並根據需求特性分為兩大類：**保健因素**（hygiene factor）與**激勵因素**（motivation factor）。

保健因素包括：合理的薪酬、工作保障、良好的工作環境，以及正向的人際關係。當這些需求被滿足時，員工對工作不會**感到不滿**。然而，僅靠這些因素不見得能提升員工的工作動力。

這正是赫茲伯格的動機雙因素理論發揮作用之處。一旦員工的保健因素需求被滿足，他們會開始留意激勵因素，希望能滿足激勵因素的需求，例如適當的挑戰與支持、工作責任感、成長與發展的機會等。這些激勵因素能進一步提高對工作的**滿意度**，進而提升工作的動力。

作家丹尼爾．品克（Daniel Pink）在二〇〇九年出版的暢銷書《動機，單純的力量：把工作做得像投入嗜好一樣有最單純的動機，才有最棒的表現》（*Drive: The Surprising Truth About What Motivates Us*）也討論了這些主題。

他提醒我們，另外還可以從**外在**（外部）因素和**內在**（內部）因素分析動機。

- 外在激勵因素是根據傳統的「胡蘿蔔與棒子」，專注於獎勵或避免懲罰。
- 內在激勵因素則是滿足員工對個人成長和發展的內在需求。

品克認為，外在激勵因素只能達到有限的效果，可能在短期內有效，尤其是當任務簡單且結果易於衡量時。但對於需要認知技能和複雜思考的工作，或需要較長時間醞釀才看得到結果，抑或是結果不明顯、不容易衡量時，那麼外在激勵因素的效果就會縮水。

對於這類知識型員工而言，內在激勵因素才是關鍵，品克總結有三大激勵因素：

一、**自主**：感覺自己獲得授權並能自我掌控工作。

二、**專精**：靠著嫻熟技能、出色的工作表現或成功完成艱鉅任務而獲得的成就感或滿足感。

三、**目的**：渴望做有意義的工作，而這些工作充滿價值，並對更遠大的目標有幫助。

如果工作能滿足這三個內在因素，比較容易激勵員工的工作動力。

怎麼應用

動機與動力因人而異：激勵你的因素未必能鼓勵你的同事。每個人都是獨特的，都有驅動自己工作動力與動機的特定需求。但如果牢記馬斯洛的核心觀點——必須先滿足個人的需求，他才會對工作產生動力——將能幫助你確認哪些因素能激勵你與他人，並充分利用這些因素。

舉例來說，個性孤立、難以對團隊做出貢獻的人，可能需要馬斯洛需求層次中的愛與歸屬感層次，因此，更多的包容、建立革命情感、肯定與讚美可能會對他有幫助。如果某位同事連房租都付不出來，赫茲伯格的激勵因素可能無法奏效，此時應先注意保健因素。如果你的團隊裡，有能力強且積極進取的成員，務必讓他們自主發揮專長，才能讓他們專心推進工作，以及清楚自己的表現如何為團隊和組織的遠大目標做出貢獻。

此外，以下幾個步驟也能幫助激發員工動力：

理解薪酬作為激勵因素的局限性。即使再誘人的紅蘿蔔，也可能無法滿足長期的內在動機需求。

思考並討論哪些因素可以提升你和他人的動力。例如，是否有職業發展和晉升的機會？對某些人來說，適度的良性競爭是否有效？

培養自主性。你和同事能夠自主掌控工作，是否獲得所需的指導、支持和獨立性？

提升專業能力，並幫助他人也做到此點。當工作有進展、成功克服障礙、成功實現目標時，得到的成就感和滿足感無可取代。

找到你的目標。這代表在工作中找到超越個人利益的價值和意義，並且最好能與組織的使命產生連結。

你可以想一想

- 你有多大的動力？什麼因素能增強或維持你的動力？
- 你的同事有多大的動力？你可以如何打造能激勵大家的工作環境？
- 你在工作中，擁有適合自己的自主權嗎？若否，你可以做什麼，改變這種情況？

- 你是否至少能對部分的工作，發揮專長或感覺自己能作主？你工作的目的是什麼？除了滿足基本需求外，你工作的更高層次的原因為何？

你可以讀這部經典

Pink, D.（2010）。動機，單純的力量：把工作做得像投入嗜好一樣有最單純的動機，才有最棒的表現（席玉蘋譯）。大塊文化。（原著出版於2009年）

41 薛恩的三層次組織文化
Schein's Three Levels of Organisational Culture

解析塑造組織的深層假設。

綜覽「薛恩的三層次組織文化」

美國社會心理學家艾德佳・薛恩（Edgar Schein）在一九七〇和八〇年代建立了組織文化的模型，並在一九八五年出版影響深遠的著作《組織文化與領導》（*Organisational Culture and Leadership*），首次提出這個概念。

薛恩的模型提供了完整的框架，協助我們理解組織文化的複雜性與多層次特質。他強調，文化不只是外顯在表層的可見現象，更是深植於組織內部的一套看法與價值觀，這些深層因素塑造了組織內部大家的行為與態度。

薛恩的組織文化模型幫助大家深入理解影響組織行為的價值觀、規範與信念。透過分辨與分析文化的不同層次增進洞察力，協助組織在設計策略、結構與流程時，對齊組織文化，而非與之對抗。

「薛恩三層次組織文化」的關鍵概念

薛恩的組織文化模型包含三個層次，這對於理解深藏在組織內部並影響組織行為與態度的看法、信念與價值觀至關重要。

表層：人工飾物（artifacts）

是指組織文化中可見的具體元素，例如物理環境、衣著規範、辦公室布局、象徵標誌與儀式等。表層人工飾物是組織文化中最容易看見的，能夠為理解更深層次的文化提供線索。例如，若一家公司強調正式與專業的衣著規定，可能反映它重視傳統與遵守既定規範的深層文化。

中層：公開倡導的價值觀（espoused values）

表示組織公開倡導的價值觀和規範，例如使命宣言、行為準則和績效目標。這些公開標榜的價值觀是組織成員對外宣稱，他們認可且會實踐的信念和態度。這些價值觀經常透過官方文件、演講和其他溝通方式布達。例如，強調團隊合作與協作的組織，它的價值觀可能會著重合作、溝通與相互支持。

深層：基本假設（basic underlying assumptions）

這一層代表無意識、大家視為理所當然的信念與價值觀，它們深植於組織文化裡，往往難以察覺或清楚表達，所以不知不覺影響成員的行為與態度。這些隱性的基本價值觀也許可透過非語言的暗示與社會規範來傳遞。例如，重視個人主義與競爭的組織，深層的隱性價值觀可能強調個人成就與成功的重要性。

薛恩的模型顯示，要真正理解組織文化，必須深入剖析這三個層次。該框架可用於診斷組織文化的優勢和劣勢，並找出需要改善的領域。例如，組織公開倡導的價值觀與驅動行為的隱性基本價值觀之間如果不一致，可能影響組織的公信力。一家公司可能聲稱重視合作，但是否實際體現在實際的工作方式與流程中？在實際執行工作時，員工是否能感受到這種文化？

該模型還可促進文化變革，利用它找出可能阻礙組織發展的深層隱性價值觀，然後努力調整這些想法，對齊期望的結果。

文化難以衡量，因此薛恩的理論受到批評，認為他過於強調領導者在塑造組織文化所扮演的角色，而忽略了其他因素，諸如群體動態或外部影響因素。此外，他的理論不夠重視多樣性和文化差異。

其他學者在薛恩的理論基礎上，提出多種理解組織文化的觀點。例如，蓋瑞．強森（Gerry Johnson）和凱文．斯寇爾斯（Kevan Scholes）在一九九〇年代提出的文化網絡（culture web）模型，將文化的組成要素拆解成更詳細、更實用的元素，大家更容易理解、管理並隨時間逐步成形。

例如，組織的文化往往可以從它實施的控制和獎勵系統，或者大家口耳相傳的故事與傳聞中體現。

擁有悠久歷史和明確目標的組織（如專業機構）可能會形成較為正式的文化，包括：層級分明的結構、嚴謹的控制系統，以及正式的會議、委員會和溝通方式。而在文化光譜的另一端，例如一間科技新創公司，多半會採用支持靈活與敏捷流程的文化規範，包括：扁平的組織結構、非正式的聚會和溝通方式、較寬鬆的控制系統等。這兩種文化完全適合不同使命和目標的組織。但如果無法理解不同層次文化的影響，可能會導致風險：較傳統的組織可能無法順利發展、進化，而新創公司可能因缺乏支持成長的結構和系統，無法成功規模化。

怎麼應用

薛恩模型的三層次 —— 表層的人工飾物、中層的公開倡導價值觀和深層的基本價值觀 —— 相互作用，形成深層且具影響力的系統，指導組織內部和組織間的行為與決策。

了解這三層次，可以幫助你理解組織文化並推動組織文化改造。以下是實際的建議：

確定目標

確定你希望利用模型達成什麼具體目標或解決哪些問題。例如，你可能希望提高員工的參與度、提升創新能力或更有效讓文化對齊組織策略。

圖表14：文化網絡

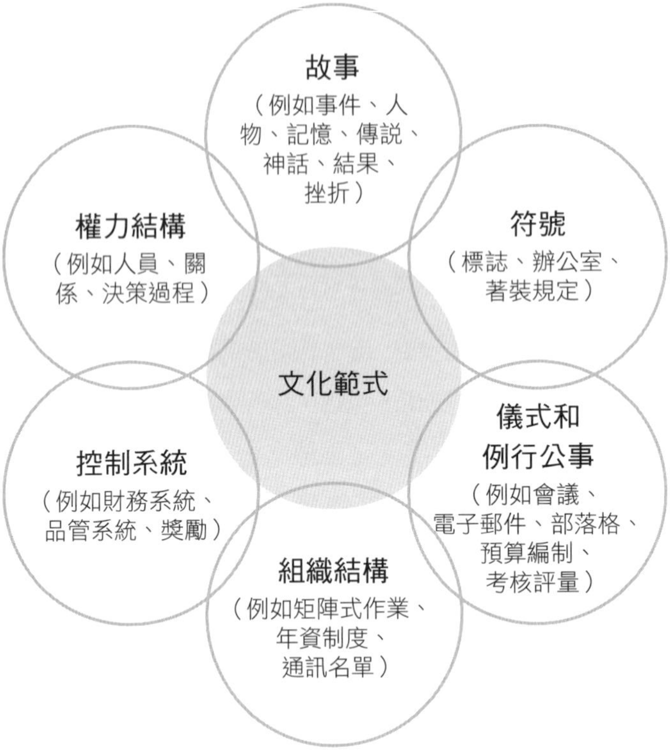

資料來源：《策略管理基礎》（*Fundamentals of Strategy*，暫譯）書裡的原始圖表，該書作者為蓋瑞・強森、理查・惠廷頓（Richard Whittington）與凱文・斯寇爾斯

收集文化相關數據

透過調查、訪談、焦點小組和觀察等方式，收集有關文化的數據。應用薛恩的三個文化層次模型，指導收集數據的過程。

分析數據

找出影響組織文化的關鍵元素 —— 人工飾物、公開倡導的價值觀和深層基本假設。尋找反覆出現的模式和核心主題。

分辨優勢與劣勢

根據分析結果，思考文化如何支持或妨礙組織的目標與使命，是否存在對齊或不匹配的情況？公開倡導的價值觀是否與實際行動一致？還是淪為空洞的口號？

制定改進建議

根據數據分析列出的優勢與劣勢，考慮如何調整分成三層的文化元素，以便打造更積極、有效的組織文化。

落實變革並進行評估

追蹤實施變革造成的影響，並根據需要進行調整。評估文化變革的過程與現象，確定是否有效達到預期成果。善用員工、客戶及其他利益相關者的反饋，持續進行改進工程。

你可以想一想

- 你如何定義團隊或組織文化？是否可以根據薛恩的模型或其他人提出的文化網絡框架，進行定義？
- 你組織的表層人工飾物、中層公開倡導的價值觀和深層基本價值觀存在差異或相互矛盾嗎？
- 你如何改進團隊或組織的文化？你如何實現這個目標？
- 你組織的文化和策略是否與自己的期望相符？你能採取什麼措施改善這種情況？
- 你的團隊或組織文化有何優勢和強項？有哪些需要改進的地方？

你可以讀這部經典

Schein, E. H., Schein, P. A.（2020）。組織文化與領導（3版）（王宏彰、田子奇、伍嘉琪、林玲吟、張慶勳、許嘉政、陳學賢、熊治剛、蘇傳桔譯）。五南。（原著出版於2016年）

42 桑德伯格的《挺身而進》
Sandberg's Lean In

差異的力量。

綜覽「桑德伯格的《挺身而進》」

多元、平等與包容（diversity, equality and inclusion, DEI）已成為建立公平且高效工作環境的基本原則。[3]大量研究清楚顯示，網羅背景、經歷各異的員工，不僅有利於員工本身，對組織的績效與成就也有正面影響。DEI的影響與益處不言而喻。

回過頭看，DEI竟然花了這麼長的時間才受到認可，實在令人驚訝。而在一些組織裡，DEI的進展充其量只能說時好時壞，或是有些地方進展快，有些地方落後不前。對許多企業而言，DEI是還在進展的工程，即便大家已充分認識過度依賴外貌、思維與行為模式相似的人才，會讓企業暴露在變革與挑戰的風險下。

在DEI領域中，最具影響力的人物之一是雪柔．桑德伯格（Sheryl Sandberg）。她在二〇〇八至二〇二二年期間，擔任臉書（Facebook，現更名為Meta）第一任的營運長，並撰寫《挺身而進》（*Lean In: Women, Work and the Will to Lead*）。該書一出版便成為暢銷書，還成為代表女力、性別平等及女性如何克服職場內外諸多障礙的同義詞。

這本書的影響力不僅限於理論層面，還催生了「挺身而進基金會」。這

3 編按：不過美國總統川普2025年1月上任後，隨即簽署行政命令，終止聯邦政府內他稱為「非法」的DEI計畫。他主張EDI計畫激進、浪費且造成對非少數族群的歧視。除政府機關，川普也鼓勵私人機構響應。

是一家非營利組織，致力於支持女性追求目標，也注意性別不平等的問題，積極推動迫切需要的對話與討論。

「桑德伯格《挺身而進》」的關鍵概念

在《挺身而進》一書中，桑德伯格指出，社會仍存在性別不平等，並且有各種阻止女性擔任領導者角色的阻礙 —— 有些是微妙、隱約的文化障礙，有些是明目張膽的性別歧視，但都是歧視且不容接受。桑德伯格還認為，女性本身也會出現自我破壞的行為 —— 例如接受歧視、性別角色或只是選擇緘默 —— 這些都會讓性別歧視問題持續存在。

桑德伯格《挺身而進》的核心原則是：為了改變現狀，女性需要努力爭取領導角色，才能打破傳統的社會、企業和個人障礙。只有更多女性「挺身而進」擔任領導角色，才能為其他女性創造更多機會，影響所及，不僅能在工作場所推動性別平等，還能在家庭（如家庭照護）實現更公平的責任分配。這樣做的好處非常顯著：透過持久與系統性的變革，可以讓社會更公平，而更公平的社會與成功的企業相輔相成，因為企業可因此獲得更大的市場回報，以及更有效率的工作方式。

雖然桑德伯格《挺身而進》的原則主要聚焦在阻礙女性在職場擔任領導角色的障礙，但其實這些原則超越性別，可延伸到其他偏見和不平等的領域，例如種族、年齡、性取向和神經多樣性（neurodiversity）。《挺身而進》的核心原則是，如果一個人打破既定的規範、提出問題、改變做事方式並相互支持，那麼改變指日可待。更多人攜手共同努力、質疑既定常規並相互扶持，改變與進步勢必可期。多元與包容將延續這種進步和成長，而且這些改變與進展可以體現在個人、組織與文化的層面。

該書出版之後，應該由女性自己（或其他任何代表性不足的群體）挺身向前並承擔推動改變的主要責任，這類觀點已經受到挑戰。社會普遍認為女性只要有決心、有抱負、加上努力不懈，成功勢在必得，但這個觀點的前提是：組織會肯定她們的努力，並給予相應的獎勵與回報。實際上，許多人指出事實並非如此。如今，大家更是普遍認為，工作場所若要實現多元、平等與包容，組織必須從內部進行系統性改革和行為調整，創造有利包容文化蓬勃發展的條件。

然而，桑德伯格的著作仍然是具有影響力的重要里程碑，不僅突顯性別不平等的重要課題，還提供實用的方法，協助組織挑戰現狀，創造多元與包容的工作環境。

怎麼應用

桑德伯格《挺身而進》的精髓可以總結為兩點：

一、該書鼓勵女性在職業生涯中積極主動，果敢表達自己並追求領導者職位。

二、它強調克服內在障礙（例如自我懷疑）非常重要，指出女性應該為自己發聲，努力實現事業成就與推動職場性別平等。

無論女性或男性，都可以採取以下方式在職場「挺身而進」，並創造讓他人也能「挺身而進」的環境：

建立必備的技能與專業能力。接受新的挑戰，持續學習與成長，培養在所屬領域出人頭地必備的技能與知識。確立目標並制定行動計畫。

支持他人。在自己成長進步的同時，別忘了支持他人並推動改革。

促進多元與包容。打造並維護多元包容的文化，讓每個人有歸屬感並發揮所長。

找到良師與支持者（自己也要投桃報李，提攜後進）。結識能夠指導、支持、引導你的良師或益友，對職涯發展非常重要。

建立人脈與關係。與業界人士建立關係，有助於你發掘新機會，獲得寶貴的見解與建議。

爭取（協商）你想要的。這可能包括協商加薪、升遷或更好的工作條件。重要的是談判前做好準備，並清楚傳達自己的價值和影響力。

用證據支持變化。在你挺身而進的過程中，觀察周遭，利用權力和影響力提出問題，挑戰現狀。

質疑一切現狀。避免被制度化，努力改善自己、同事和組織的處境。

你可以想一想

- 你的組織文化有包容性嗎？若否，如何改進？
- 你能在團隊或組織中採取哪些具體行動，幫助缺乏自信或自覺被邊緣化的人勇於發聲、表達自己的想法？
- 你的觀點和團隊多元化嗎？
- 在你的工作場所，女性（或其他代表性不足的群體）面臨哪些障礙？如何解決這些問題？
- 你支持或重視多元性的程度是否足夠？

你可以讀這部經典

Sandberg, S.（2018）。挺身而進（洪慧芳譯）。天下雜誌。（原著出版於2015年）

第6部

建立社群與連結：關係與影響力

43 湯瑪斯–基爾曼衝突模型
Thomas–Kilmann Conflict Model

如何建立影響力並達成共識？

綜覽「湯瑪斯–基爾曼衝突模型」

在職場，衝突在所難免。部分源於競爭；部分因為多變的本質 —— 經濟學家約瑟夫·熊彼得（Joseph Schumpeter）將這現象稱為「創造性破壞」（gales of creative destruction）；還有一部分源於人性。我們人總是渴望擁有主宰權，希望事情能按照自己的意願，發展或至少能影響結果。歷來，組織的層級制度、正式性，以及權力結構多少發揮了抑制衝突的功能。然而，隨著更多人參與決策、被賦權、有更彈性的工作模式，以及快速變動和不確定性的時代來臨，加上基本的社會變遷，這些因素漸漸降低原有階層制度與正式結構的影響力。在這樣的背景下，發揮影響力、支持他人和挑戰現狀的能力、管理創造性衝突的能力變得比以往任何時候都還重要。

根據肯尼斯·湯瑪斯（Kenneth Thomas）與洛夫·基爾曼（Ralph Kilmann）對解決和管理衝突所做的研究，在一九七四年建立了湯瑪斯–基爾曼衝突解決模型（Thomas–Kilmann Conflict Model，又名湯瑪斯–基爾曼衝突模式工具，TKI）。這個模型能幫助我們理解自己偏好的衝突解決風格，並提供建立影響力和達成共識的策略。

該模型有兩層面：

一、**堅定自信型**（assertiveness）：你試圖滿足自己需求的程度。

二、**合作型**（cooperativeness）：你試圖滿足他人需求的程度。

根據這兩個層面，歸納出五種主要的衝突解決風格，這框架能幫助我們了解自己和他人偏好的風格，為的是能更有效解決衝突。它還可以幫助我們視情況超越自己預設的風格、積極傾聽、留意各方利益、確保溝通清楚無歧義，最後順利找到雙贏的解決方案（請參閱50，第269頁）。

TKI模型的關鍵概念

TKI模型的兩個關鍵層面——堅定自信型和合作型——通常會顯現以下幾個關鍵特質：

堅定自信型

堅定自信高的人會積極表達自己的偏好、需求或意見，並努力實現自己的目標。

堅定自信低的人較為被動，傾向於讓步或迴避衝突，不會積極爭取自己的需求。

合作型

合作型高的人會積極尋求滿足所有相關方的需求，重視合作，並以雙贏為目標。**合作型低**的人則較少考慮他人的需求，更專注於自己的目標。

根據這兩個層面，TKI模型確定了五種不同的衝突解決風格。

一、**競爭型（competing：堅定自信高，合作性低）**。競爭型的人較強勢，積極維護自身利益，往往不惜犧牲他人。他們可能運用權力、權勢或支配力在衝突中取得優勢。

二、**合作型（collaborating：堅定自信高，合作性高）**。合作型的人會積極表達自身需求，也願意與他人合作。他們會主動與相關方溝通，共同尋求能滿足所有人需求的解決方案。合作方式強調開誠布公的溝通、積極聆聽和發揮創意解決問題。

三、**妥協型（compromising：堅定自信中等，合作性中等）**。妥協型的人透過雙方讓步達成折衷方案。他們的目標是完成能夠部分滿足各方需求的結果。

四、**迴避型（avoiding：堅定自信低，合作性低）**。迴避型的人試圖規避或忽視衝突。他們可能選擇避開衝突或拖延處理問題，希望衝突能隨時間自行化解。

五、**遷就型（accommodating：堅定自信低，合作性高）**。遷就型的人優先考量他人的需求，而將自身需求擺在次要位置。他們願意遷就讓步，目的是希望維持和諧狀態與關係。

每種衝突解決風格都有優缺點，適合哪種風格取決於具體情況與相關人士。透過理解自身及他人偏好的衝突解決風格，可以更有效地應對衝突、建立影響力，並在各種情境（例如職場、人際關係和團體互動）找到共識。

與所有分析個人偏好的評量工具類似，TKI模型可能會讓人覺得自己被「貼標籤」或被局限在某種風格。但只要留心這種陷阱，TKI不失為實用的工具，幫助我們找出自身的預設偏好，並在必要時靈活調整，我們便能有效管理與解決衝突。

怎麼應用

TKI模型可用管理與解決發生在職場、團隊、個人人際關係和組織等領域的衝突，並提高管理與解決衝突的成效。

如果你認為TKI模型可以幫助你和團隊，不妨考慮接受正式的 TKI 評估（可參考章末網址連結）。如果不想那麼正式，也可以輕鬆地反思自己的衝突解決風格。

反思自己預設的衝突風格

根據TKI模型列出的五種風格，反思自己面對衝突時的典型反應。你從堅定自信型到合作型的尺規上屬於什麼位置？你傾向競爭還是合作？妥協、迴避還是遷就？你的風格有什麼利弊？

多留意他人的反應

觀察他人在衝突中的行為，設法找出他們偏好的衝突解決風格。留意他們如何處理歧異及如何與他人互動。然後，當衝突發生時，採取以下步驟。

花時間分析衝突

面對衝突時，先花時間分析情況。找出所有相關方關切的問題、利益和疑慮。考慮關係的重要性和衝突可能對它的影響。

選擇最合適的衝突解決風格

如果你的職責是解決衝突，請利用你對衝突的分析，加上對相關方偏好的理解，選擇最適合該情境的衝突解決風格。請牢記，不同的衝突可能需要不同的風格。

即使你只是觀察者，也可以練習思考：萬一你必須處理同樣的情況，會採取什麼行動。

溝通

處理衝突時，與對方溝通須秉持開放、誠實且尊重對方的原則。清楚表達想法、感受和留意的重點，同時積極傾聽他人的觀點。

靈活調整

願意根據情況調整衝突解決方式。如果最初的方式未能達到積極的成效，考慮替換風格。

尋求雙贏解決方案

努力尋找能滿足各方需求和留意點的解決方案。合作型和妥協型風格通常能有效達成雙贏結果。

管理情緒，發揮同理心，理解他人的需求

在衝突中留意自己的情緒，避免衝動反應。有效管控情緒，能幫助你做出理性、具建設性的決策。

換位、設身處地為他人著想，理解他人的觀點和感受。解決衝突時，同理心能發揮成效，找到建設性和理解對方需求的解決方式。

必要時使用調解或仲裁

遇到複雜或長期存在的衝突，不妨考慮邀請中立的第三方進行調解。調解人能促進溝通、增進理解、引導各方達成解決方案。

從每次衝突中學習經驗

成功解決衝突後，抓住機會反思整個過程和結果。評估哪些地方做得不錯，哪些地方需要改進，未來若有類似的衝突，可供參考。

你可以想一想

- 你通常如何因應衝突？
- 你是否考慮過其他人因應衝突的偏好？
- 你能根據情況調整因應衝突的方式嗎？
- 對你來說，什麼才是雙贏的結果？
- 思考你需要處理的衝突有哪些類型？以及想想調整解決衝突風格後，會有哪些成效？

你可以上這個網站

欲了解相關訊息與工具，請參考基爾曼診斷網站：

kilmanndiagnostics.com。

44 史考特的《徹底坦率》
Scott's Radical Candor

你的指導能夠提高合作與改善成效。

綜覽「史考特的《徹底坦率》」

金・史考特（Kim Scott）在其暢銷書《徹底坦率：一種有溫度而真誠的領導》（*Radical Candor: Be a Kick-Ass Boss Without Losing Your Humanity*）中分享了一個有趣的小故事 —— 簡報時一直說「嗯」。

史考特加入Google後沒多久，向公司執行長與創辦人做了簡報。會後，她的直屬上司 —— 正是桑德伯格 —— 給了她反饋。其中多數是正面反饋，但桑德伯格也點出她在簡報時，頻繁使用語助詞「嗯」，並表示可以為她安排演說教練。起初，史考特不敢相信上司竟然會在意這種看似微不足道的細節，所以並不當一回事。然而，桑德伯格不屈不饒，最後說了一句話才讓史考特正視問題 —— 桑德伯格說，頻繁說「嗯」會讓她「聽起來很蠢」。這次經歷對史考特產生兩個重要影響。不僅讓她立刻想要解決頻繁說「嗯」的問題，也使她開始思考桑德伯格的管理風格——如何巧妙結合讚美與批評，這種直接又不失有效的指導方式。

這個插曲只是史考特在矽谷頂尖科技公司工作多年的經歷之一，這些經歷讓她深刻理解好主管能夠建立關係，成功「引導團隊實現成果」。

對史考特而言，主管有三個核心責任：

一、建立確保團隊朝正確方向前進的指導文化。

二、理解什麼能激勵員工的工作動力，以維持團隊的凝聚力

三、以合作方式推動成果。僅僅告訴員工該做什麼，只適用於某些（有

限的）情況。

結合這三個要素，可平衡責任（需要完成的任務）與關係（透過建立和維護關係的方式完成任務）。史考特的核心理念——徹底坦率，正是各種指導文化的核心要素。

史考特《徹底坦率》的關鍵概念

與他人溝通時，必須平衡以下兩重要層面，才稱得上徹底坦率：

- **直接挑戰**：做好準備，勇於說出你必須說的話（並且清楚表達）。
- **個人關懷**：溝通時展現尊重，讓對方感受到你是出於善意。

當你**直接挑戰**時，提供誠實的反饋，並讓對方為自己的行為負責。這可能包括給予建設性的批評、肯定對方出色的表現；設定明確要求，若對方未達要求，必須追究責任。

當你展現**個人關懷**時，你是誠心關懷對方，這可能包括關心對方的福祉、提供支持與鼓勵、發揮同理心感同身受對方的處境。

努力在這兩個層面之間找到平衡，有助於建立有溫度的指導文化，指導員工時，能與員工建立強韌的互信關係。

此外，這個框架還幫助我們理解平衡失調時會發生什麼事情。

濫情同理

如果一味關心對方而不敢直接挑戰，可能會導致濫情同理。

這種情況發生在你想顧及對方的短期感受，因此並未告訴他們應該知道的問題。這可能包括過於籠統的稱讚，以至於對方無法理解哪些地方做得好或不好；批評過於委婉或模糊；甚至乾脆保持沉默。這樣做可能讓對方感到安全，但終究沒有幫助，甚至可能造成傷害。

圖表15：徹底坦率，掌握平衡平衡之道

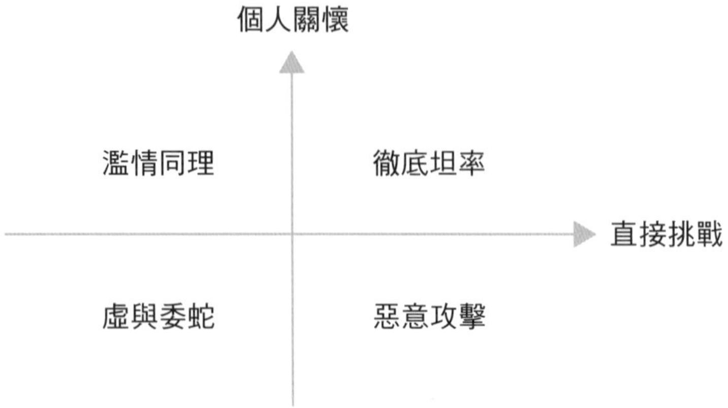

資料來源：《徹底坦率》，
獲得 Macmillan Publishers International Ltd. 授權轉載。
文字版權 © Kim Scott 2017, 2019。

惡意攻擊

只有挑戰沒有關懷，會讓你流於惡意攻擊。

這種情況發生在你直接挑戰對方，卻沒有流露對他們的個人關懷。提出批評和反饋時，未以友善的方式傳達。

虛與委蛇

直接挑戰和個人關懷都太少，可能讓人感覺你在敷衍了事。外顯的行為通常是在背後捅刀子、搞政治（拉幫結派）或消極抵抗。讚美不真誠，或是人前阿諛奉承、人後不留情批評。

徹底坦率

當你能在個人關懷與直接挑戰之間取得平衡，就能達到徹底坦率的最佳狀態。史考特明確指出，以徹底坦率為基礎的指導文化不依賴（或不只依賴）大型、制式的**績效管理系統**，例如正式的年度評估。實際上，徹底坦率更看重能培養信任關係的定期交流與溝通 —— 史考特稱為**績效發展**（performance development）。指導文化創造一種工作環境，在這環境裡，反饋是日常溝通的例行活動，目的是開啟良好的溝通、建立信任、促進團隊合作，以利提升績效。

徹底坦率可能聽來過於理想，而史考特的觀點確實也受到不少批評。此外，徹底坦率也時常與**徹底透明**（radical transparency）混為一談，後者強調即時反饋，鼓勵同事定期對彼此的各種表現與特質評分。然而，按照史考特的說法，徹底透明是顯而易見的惡意攻擊。

毫無疑問，在個人關懷與直接挑戰之間找到平衡並不容易。如果處理不當，可能造成誤解，非但無法培養信任，反而會破壞互信。對某些人來說，徹底坦率可能顯得過於咄咄逼人，或是超出一般人自我覺察的能力範圍（請參閱02，第18頁）。此外，徹底坦率需要組織具備成熟的溝通文化和高度的心理安全感（請參閱05，第33頁）。

然而，提供員工指導和反饋是職場不可或缺的一部分。徹底坦率的框架提醒我們，建立更好的指導文化不僅能幫助個人成長，還因其強調開放的溝通與持續學習，有助於提升團隊（最終也有助於組織）的表現。

怎麼應用

為了建立指導文化，史考特建議我們需要「接受、給予、鼓勵讚美和批評」。以下是可嘗試的做法：

對反饋持開放態度並對自己誠實

帶頭以身作則。表明你願意挑戰自己，以高標準要求自己並檢討自身的表現。以具體的問題積極引導對方提供反饋，例如：「在那個專案中，我還可以做什麼來支持你？」和「你注意到我有什麼盲點嗎？」史考特承認這可能會讓人感到不自在，但她建議堅持下去，用心聆聽反饋，並在必要時做出改變。

精益求精

記住，指導不僅僅是糾正錯誤，還包括協助員工精益求精。利用徹底坦率開啟指導性對話，不僅僅是簡單地說一句「幹得好」，而是進一步強調並交流做得好的部分。

讓同事負責

提出清楚的要求與目標，讓大家知道承擔責任的意義，以及未達標可能的後果。然後，以公平和透明的方式讓他們對自己的行為負責。

表達關心

表達關心並提供支持和鼓勵。即使需要進行艱難的對話，也以同理心和理解對方的感受來處理。誠實且清楚表達看法，但同時別忘了表達善意並關心對方的福祉。

運用自己接受或提供反饋的經驗

利用自己尋求和接受反饋的經驗，調整和改進未來提供反饋的方式。讓反饋成為日常溝通交流的一部分。保持公平、平衡、具體並放眼未來。反饋的重點是雙向溝通，幫助他人學習和成長。

史考特提供了以下寶貴建議：

- 保持謙遜。接受或提供反饋時，你可能並未掌握所有資訊或答案。不要急於下結論，而是試著了解雙方不同的立場與觀點。
- 提供幫助。找到方法幫助對方理解並因應他面臨的挑戰。表達清晰、具體，並對自己說的話負責。例如，不要說：「你總是在會議上打斷別人。」而應這麼說：「我注意到在上週的團隊會議上，當金恩試圖發言時，你打斷她幾次。」

- 及時給予反饋。抓住時機，不要拖延導致問題惡化。
- 盡可能當面提供反饋。反饋不僅關乎你說什麼，還跟對方如何接收有關。當面交流能讓你更容易察覺對方的肢體語言和回應。若無法面對面，視訊通話是次佳選擇。
- 對事不對人。當桑德伯格指出史考特頻繁說「嗯」的問題時，明確表示這讓史考特「聽起來很蠢」，而不是說她很蠢。這是重要的區別。要盡可能保持客觀，避免貼標籤。例如，可說「那是錯的」，而不是「你錯了」。

你可以想一想

- 你如何將徹底坦率的原則融入工作中？你在哪些情境下可以更加徹底坦率？
- 如果不處理與績效或行為相關的困難對話，可能會造成哪些短期和長期的問題？
- 你可以向同事提供哪些具體的反饋，幫助他們學習並提升工作表現？
- 你如何提升自我覺察力，了解自己的溝通風格，以便實現或改善指導文化？
- 對於徹底坦率的反饋，你的接受度如何？你現在採取什麼行動推廣這種反饋？

你可以讀這部經典

Scott, K.（2019）。徹底坦率：一種有溫度而真誠的領導（吳書榆譯）。天下文化。（原著出版於2019年）

45 提供有效反饋 Giving Great Feedback

公平、實用且具建設性的反饋。

綜覽提供有效反饋

在職場上給予（與接受）反饋並不容易。你可能知道反饋的重要性，有時甚至覺得有必要 —— 反饋能幫助他人修正方向，或是在表現優異的基礎上更進一步。但我們往往不知從哪裡開始提供有效反饋，也很容易弄巧成拙：可能引發對立衝突；讓對方產生防備心理，未能聚焦你希望實現的結果；或是乾脆避而不談棘手的問題。前面章節史考特建議提供反饋時應「徹底坦率」，但有時可能會讓人覺得有點難以實踐。

這時簡單的框架能派上用場。美國創意領導力中心（center for creative leadership, CCL）率先提出的情境–行為–影響（situation-behaviour-impact, SBI）模型，能幫助你有效設計並傳遞清晰、具建設性、及時的反饋。

SBI模型能讓反饋嚴謹有條理，又兼顧公平與實效。該模型提醒我們，真正有效的反饋應該是雙向**對話**，而非單方獨白，必須讓對方參與其中，表達想法。SBI模型留意行為，而非個性或主觀臆測，這有助於清楚了解人的行為（或不行為）對他人造成的影響。如此一來，接受反饋者更容易理解問題所在，並採取改善措施。至於提供反饋的一方，SBI模型也能幫助他們以建設性、朝向未來且不會引發對抗的方式提出反饋意見。

SBI模型的關鍵概念

SBI模型的核心概念是，反饋應具體、客觀且可行。因此，需要以實際觀察到的行為為主，而非針對某人的個性或對其動機的主觀臆測。

SBI模型包括三個步驟：

一、**情境**：描述行為發生的具體情境。這為反饋提供了背景，讓接受反饋方清楚理解討論的具體情境。例如，你可以這樣開場：「在昨天的團隊會議上……」

二、**行為**：描述發生的具體行為（或未發生的行為）。這部分的關鍵是保持客觀，留意可觀察到的行為，而不是臆測或評價對方的意圖或個性。例如，可以說：「我注意到你在別人發言時，多次打斷他們。」或「我很好奇為什麼你沒有提到……」

三、**影響**：描述該行為對他人造成的影響。解釋影響有助於讓接受反饋者理解行為的後果，以及為何需要改進。例如，可以說：「這樣的行為讓部分團隊成員覺得自己的意見不被重視，好像你已經掌握所有答案。此外，這也會打斷會議的連貫性，讓其他人不太願意發表意見。」

以下是使用SBI模型提供反饋的另一個範例：

- **情境**：「在你今天早上的簡報中……」
- **行為**：「我注意到你沒有與觀眾有足夠的眼神交流，而是一直看著投影片內容。」
- **影響**：「我覺得這讓簡報少了些吸引力，也讓觀眾較難跟上內容。」

這些例子呈現的反饋具體、客觀且留意需要改進的行為。情境為反饋提供背景，影響則幫助接受反饋者理解為什麼他們的行為需要改變。這種方法比提供模糊或籠統的反饋更有效，因為它幫助接受反饋者明確了解未來哪些行為需要改變；同時，也自然開啟雙方進一步對話，討論接下來應該怎麼做。

SBI模型有一些變體，採用類似的方式。

情境–任務–行動–結果（situation-task-action-result, STAR）：是替代的反饋模型，同樣聚焦在具體情境、需要完成的任務，描述採取或未採取的行動，以及該行動的結果，無論結果是好是壞。相較於SBI，STAR增加了一個步驟（AR），要求提供反饋者分析替代行動（A）和結果（R），即如果選擇不同的行動，是否會出現不同的結果。

同理心–提問（empathy-inquiry, EI）：此模型強調提供反饋者與接受反饋者之間需有同理心和彼此理解。它鼓勵提供反饋者在給予反饋之前，先提出開放式問題，並積極聆聽、接受反饋者的觀點。這個模型有助於建立關係和信任，特別適用於處理深層或更複雜的行為，以及身處敏感或緊繃的情境中。

怎麼應用

SBI模型提供簡單的架構，幫助你思考和結構化反饋過程的對話。

提供反饋前，準備如何進行對話

提供反饋前，花時間思考你觀察到的具體行為及影響，確定行為的情境，必須是最近發生且具有重要代表性。

用心思考你為什麼在此時給出這個反饋，以及你希望藉由這次反饋達成什麼結果。

對話進行中

描述情境。首先描述行為發生的具體情境，這為反饋提供了背景。

回顧行為。接下來，描述你觀察到的具體行為。保持客觀並聚焦在可觀察的行為上，而不是臆測或評斷對方的意圖與個性。

解釋影響。描述該行為對他人產生的影響及後果。要具體，並使用實際例子說明影響。

共同尋找解決方案。最好的反饋是雙向對話，而非單方獨白。與對方合作，一起找出解決方案或下一步行動。徵詢他們的觀點和想法，了解他們會如何解決問題或發揮已有的優勢。鼓勵他們為解決方案扛責，並承諾做出改變。

後續跟進

定期與對方溝通檢討，了解他們在改變過程中的進展，並提供支持和反饋。

你可以想一想

- 你如何運用SBI模型改善反饋？
- 哪些因素阻礙你反饋的成效到什麼程度？思考SBI等模型如何幫助你克服這些障礙。
- 你如何運用SBI模型輔導或指導他人？
- 你如何利用SBI模型，管理變革？

你可以讀這部經典

Cheng, M. (2023). *Giving Good Feedback*. Profile Books.（目前無繁體中文譯本）

46 席爾迪尼的倫理影響與說服原則

Cialdini's Principles of Ethical Influence and Persuasion

採取正確行動，發揮巨大影響力。

綜覽「席爾迪尼的倫理影響與說服原則」

談到影響力，十六世紀尼可洛・馬基維利（Niccolò Machiavelli）[4]筆下的君主 —— 那位不惜一切代價、陰險狡猾且精於算計的權謀者 —— 或多或少浮現在我們腦海。意見領袖常被視為擅於操控他人的高手，為達目的不擇手段，甚至依靠不健康的操控行為或濫用手段。

然而，根據心理學家羅伯特・席爾迪尼（Robert Cialdini）的說法，這樣的觀點誤解了他所謂「社會影響力科學」的真正力量。狡猾或高壓的手段也許短期內有效，但並非建立長期信任與合作的基礎。

為了避免掉入不道德手段的陷阱，席爾迪尼建議我們可以向行為科學借鏡。他的研究主要根據如下觀點：說服與影響他人的方式，可以建立在留意他人內在「深層且有限的動力與需求」。了解這些驅力，我們可以學習並運用基本原則，成功影響他人，而且在道德界限內發揮影響力。

席爾迪尼一九八四年出版《影響力：讓人乖乖聽話的說服術》（*Influence: The Psychology of Persuasion*），首次分享六個掌握影響力與說服力的原則。這六個原則（現增為七個）是一套心理學策略，可在合乎道德的前提下，成

4 編按：義大利文藝復興時代知名的政治思想家，最著名的作品為《君主論》（*The Prince*），探討統治者如何獲得、保持權力，應該用什麼手段治理國家。

功說服與影響他人。這些原則已被證明在多種情境下有效，包括行銷、銷售、談判和人際關係等。

簡單地說，合乎道德的影響力是指，當說明某個產品、想法或方法的優勢與好處時，讓他人認同或接受，並化解任何反對意見。這也可能意味著承認某些缺點或不足之處，不過不忘強調從整體來看，某種方法仍然更優或更可取。這在生活的許多領域都很重要，包括政治和商業。在當今後真相時代，面對依賴深度偽造及科技手段影響他人觀點與行為的現象，席爾迪尼等人提倡基於事實、合乎道德的決策方式仍具重大意義。

「席爾迪尼的倫理影響與說服原則」的關鍵概念

席爾迪尼提出七大影響力與說服力的原則如下：

一、互惠：有來有往，人會以同樣的方式回報

當一個人接受了某樣東西，他會覺得有義務回報。這個原則可以用來影響他人，做法是先提供有價值的東西，對方可能以某種方式回報你。

二、承諾與一致：人會信守自己做出的承諾

如果你能讓人做出承諾，答應完成你希望他們做的事，他們更可能付諸行動、履行承諾。根據席爾迪尼的研究，承諾愈是積極、自願、公開，他們更可能履行，言行愈可能一致。例如，若團隊某位成員經常遲到，讓他主動承諾會改善這個行為，可能比施壓或威脅更有效。

三、社會證明：人會跟著與自己相似的人行動

當我們不確定該怎麼做時，往往會參考在類似情境下其他人的做法。這原則可以用來影響他人，做法是顯示他人在相似情況下，做了什麼選擇或行動。例如，企業和消費者透過用戶對某種產品或服務的評價做出決定，就是

群體證明的典型應用。

四、權威：人會聽從專家意見

這原則是個人（或組織）利用權威地位或專業知識影響他人。你可將自己塑造成某個領域的專家或權威，進而利用這個原則影響他人。

五、好感：人喜歡那些喜歡他們的人

人容易受到自己喜歡、崇拜或與有共同點的人影響。你可以透過建立融洽關係和找到共同點，提升自己的影響力。

六、匱乏：人更想擁有限量的東西

當人認為時間或資源有限時，會更有動力採取行動。你可以強調某個產品或服務數量有限，或告訴他們是限時優惠，達到影響他人的目的。

七、自己人：重點在於我們

這個原則強調共同的身分和建立社群感。藉由強調你我之間的共同點並創造你是我們社群的一分子，達到影響他人的目的。慈善界與公益團體利用自己人原則凝聚一群追隨者，共同推動核心理念，例如支持野生動物保護、疾病研究或正視不平等問題。

儘管席爾迪尼的七大原則是基於實證研究所得，但有批評者認為，研究使用的證據有限，而且這些原則不具普遍性：例如，它們可能不適用於所有文化和情境。再者，這七大原則還存在被有心人操控的潛在風險。使用這些原則時應該合乎道德，但某些批評者認為它們可能被用來剝削脆弱的人群，例如自尊心低落或容易受到同儕壓力影響的人。

其他關於影響力的思考，包括以下幾種方式：

同理心影響與說服他人的做法，強調理解並同理對方的觀點。透過傾聽他人的需求和擔憂，你可以和對方建立信任關係與更有意義的連結。這個做法的核心理念是，我們更容易被理解並關心我們的人說服。

講故事傳遞資訊並說服他人。當你說與對方相關且有意義的故事時，能夠吸引他們的注意力、激發他們的聯想力，並在情感層面上讓他們產生共鳴。這種方法的主要觀點是：我們更容易被能引起共鳴的故事所影響。

社群影響是運用社群網路與群體，影響或說服他人。善用社群連結和人際網絡，幫你創造社群壓力，進而影響他人的行為。這種方法的核心觀點是：人傾向符合社會規範與期望。

問題解決是指藉由與他人合作一起解決問題或尋找解決方案。你與他人一起努力解決問題的合作過程中，彼此可以建立信任，並確立一致的使命與目標。這種方法的核心主張是，我們更容易受到與自己並肩努力實現共同目標的人所影響。

怎麼應用

席爾迪尼強調合乎道德的影響力與說服力，七大原則幫助你理解、應用影響人類行為的心理觸發因素（psychological triggers，刺激心理反應的因素），讓你能夠建立有共鳴、交集的連結，並以互惠互利且合乎道德的方式影響他人。這七大原則通常用於影響顧客，但在其他情境中同樣適用，例如提升員工參與度或優化溝通策略（成功讓員工支持變革）。

以下介紹實例，幫助你將席爾迪尼的影響力原則應用到具體情境裡。

一、互惠

要求對方回報之前，你能提供哪些有價值的東西？例如，如果你希望有人幫你檢查文章或工作，檢視是否有需要修改的地方，可以先主動提議幫他們檢查。

二、承諾與一致

你可以鼓勵他人做出哪些積極、公開且自願的承諾，展現值得信任的一致性？

三、社會證明

使用他人的見證或推薦，證明自家產品或服務的價值與人氣，或者用來改變行為。

四、權威

展示你在某個領域的專業知識或資歷，建立公信力。例如，在你的網站或社群媒體簡介中，列出相關的專業證照。

五、好感

與他人建立融洽關係並找到共同點，提高自己的親和力與好感。例如，與同事進行輕鬆、非正式的對話，找到共同的話題或興趣，創造合作與連結的機會，並強化關係。

六、匱乏

創造急迫感或獨特性，提高他人對產品或服務的需求。例如，提供限時優惠或限量版產品。

你可以想一想

- 如何運用互惠原則，與顧客或客戶建立更緊密的關係？
- 如何運用好感原則，改善職場人際關係與團隊互動？
- 如何運用承諾與一致原則，鼓勵他人做出正向改變，培養良好習慣？

- 在行銷或廣告中，應用席爾迪尼的倫理影響與說服力原則時，應考量什麼問題？
- 文化或個人差異對倫理影響與說服力原則的應用，造成什麼影響？

你可以讀這部經典

Cialdini, R. B.（2022）。影響力：讓人乖乖聽話的說服術（全新增訂版）（謝儀霏譯）。久石文化。（原著出版於2021年）

47 欣賞式探詢
Appreciative Inquiry

你擅長提出有用且開放式的問題嗎？

綜覽欣賞式探詢

大衛・庫伯賴德（David Cooperrider）與蘇雷什・斯瑞瓦斯塔瓦（Suresh Srivastva）在一九八七年首次提出欣賞式探詢（appreciative inquiry）。這是以優勢為基礎（strengths-based）的個人發展與組織變革管理辦法，聚焦在發掘個人或組織的專長與成功經驗。

欣賞式探詢的前提是：如何定義和理解問題或挑戰，會顯著影響我們解決問題或取得進展的能力。欣賞式探尋使用開放式、積極正向的問題，探索個人與組織的優勢與專業領域，並在此基礎上進一步發展。它包含四個關鍵階段：發現（discovery）、願景（dream）、設計（design）和執行（delivery）。

欣賞式探詢已被廣泛應用於企業、非營利組織與社區機構，幫助組織推動變革、改善溝通與協作，並提升創新與創意的實力。

欣賞式探尋的關鍵概念

欣賞式探尋聚焦在找出個人或組織的優勢，並進一步發展，在這過程中，會促進合作性的討論與探索，幫助參與者發掘並發展自身的獨特專長與能力。在個人成長與發展的領域，欣賞式探詢是教練技術（coaching）的基礎之一，因為它強調透過開放式問題發掘與發展個人優勢，並透過合作的方式促進一個人的改變與進步。欣賞式探詢包含四個關鍵階段：

一、**發現**：找出並肯定既有的優勢與成功經驗。這階段的重點在於蒐集和分享成功的實例與故事，透過這些資訊讓相關人士對個人或組織的優勢與能力形成一致的共識。

二、**願景**：想像理想的未來狀態。透過開放式、積極正向的提問探索可能實現的目標，並基於這些資訊制定既具啟發性又可實現的未來願景。

三、**設計**：制定計畫，幫助個人或組織從現狀邁向理想的未來。確定實現願景所需的具體行動和步驟，並制定計畫，落實這些行動。

四、**執行**：執行計畫，讓理想的未來成為現實。採取行動讓願景成為事實。並不斷調整與修正計畫，朝理想結果邁進。

這四階段可靈活調整，根據個人、組織或社群的需求與目標量身定製。欣賞式探詢常用於傳統組織變革管理策略失效的情境中。此做法強調整體性與包容性，認為人際關係、組織文化與價值觀在實現正向變革中扮演關鍵角色。

然而，欣賞式探詢無法適用於所有情境。批評者認為，該方法過於樂觀，可能忽視決策或變革過程中應考量的負面因素。如果組織面臨嚴重問題，這種過度正向的態度可能會成為障礙。因此，對於正面臨危機或重大挑戰的組織而言，欣賞式探詢可能不是最有效的方法。此外，該方法依賴成員共同參與與合作，這在較講究層級制度或威權型的組織裡可能成效不佳、難以落實，甚至不被視為可取的做法。

怎麼應用

庫伯賴德和斯瑞瓦斯塔瓦的欣賞式探詢的核心本質是，將焦點放在找出優勢與積極的特質，並在此優勢上再接再厲，而並非僅僅留意問題和不足。

參與者透過提問、講故事與對未來的想像，創建一個理想的願景並制定實現該願景的計畫。以下是如何在實務中應用欣賞式探詢。

確定探詢的重點

對於一家公司來說，這可能是某個具體的業務流程、某個部門或牽涉整體組織層面的問題。對於個人來說，這可能是困境、決定、關係或挑戰。

邀請利益相關人士組成多元化團體

這可能包括：同儕、其他部門同事、客戶、供應商和其他相關方。

進行旨在發掘優勢的訪談

結構化的對話是為了找出並理解當前的優勢與成功經驗。通常的做法是了解過去哪些領域表現不錯，並廣泛討論現在哪些做法效果不錯並能確保成功。發現性的訪談有助於讓背景廣泛且多元化的人群加入，並透過開放性問題幫助大家深思，找出他們認為最有價值的領域和成功的做法。

分析並歸納收集的數據

從發掘優勢的訪談中找出共通的模式和主題，並以簡潔、有意義的方式整理總結。

建立共同的未來願景

分析前面步驟得到的數據，根據分析結果，參與者可以想像並清楚表達他們期望的未來狀態，以及希望透過變革過程，實現什麼目標。

制定計畫

從當前狀態邁向理想未來狀態的計畫應該是協作過程，參與者是所有利益相關人士，計畫應建立在發現階段所確認的優勢與成功經驗之上。計畫應確立里程碑和具體目標。

執行計畫

將計畫付諸行動，朝著理想未來狀態努力前進，這可能牽涉到調整流程、政策和結構。

定期檢視求變過程的進展，根據需要調整計畫，確保能成功實現目標。

欣賞式探詢本質上的做法很靈活，可以根據特定需求和目標調整。在實踐過程中，保持開放態度，避免排斥新想法與新做法，並始終留意組織的優勢和成功經驗。

你可以想一想

- 應該將哪些領域或問題當成欣賞式探詢的重點？
- 欣賞式探詢最適合應用在哪些情境？哪些人受益最多？
- 存在哪些相關模式與趨勢？最相關且最具吸引力的未來願景為何？
- 大家是否具備充分開放的、支持的、建設性的態度，能充分發揮欣賞式探詢的價值？其中是否存在士氣低落或憤世嫉俗的風險，因而影響這過程？如果是，應該如何解決？
- 你如何將欣賞式探詢的四階段，應用到創意思維或個人發展規畫等領域？

你可以讀這部經典

Cooperrider, D. L., & Whitney, D. (2005). *Appreciative Inquiry: A positive revolution in change*. Berrett-Koehler.（目前無繁體中文譯本）

48 卡內基教你贏得友誼並影響他人

Carnegie's How to Win Friends and Influence People

掌握人際互動的藝術。

綜覽「卡內基教你贏得友誼並影響他人」

戴爾・卡內基（Dale Carnegie）的劃時代著作《人性的弱點：卡內基教你贏得友誼並影響他人》（*How to Win Friends and Influence People*）在一九三六年首次出版，時值美國大蕭條時期——經濟陷入困境、社會經歷動盪和變革的時代。

在這樣的背景下，卡內基的一系列原則和策略，強調建立關係、溝通、發展人際技能與尋找共同點的重要性，以此作為克服分歧、追求共榮的方式。該書成了廣受歡迎的暢銷書（全球銷量超過三千萬冊），為希望改善社交生活和工作成就的人提供靈感和實用建議。

至今，卡內基原則在商業、銷售、教育、政治和人際關係等多種領域仍適用。有效的溝通、同理心和相互尊重，仍是職場成功的必備技能。

「卡內基教你贏得友誼並影響他人」的關鍵概念

卡內基教你贏得友誼並影響他人的規則，包含了三十條原則和策略，內容如下：

- 不要批評、譴責或抱怨。應專注於找解決辦法、取得積極的結果。
- 真誠讚賞他人。肯定他人的貢獻，並感謝他們的努力。

- 激發他人的強烈渴望。讓他人明白你的想法或提議，確實會讓他們受益。
- 誠心留意他人。展現好奇與關心，詢問對方的興趣、意見和經歷。
- 微笑。微笑可以營造積極友善的氛圍，讓他人感到放鬆自在。
- 謹記，對一個人來說，他們的名字是所有語言中最甜美、最重要的聲音。與人交談時稱呼對方的名字，以示尊重並建立融洽關係。
- 做一個好聽眾。鼓勵對方談論自己、分享他們的經歷，並認真傾聽他們所說的。
- 談論對方感興趣的話題。交流時，使用的語言和例子能與對方的興趣和經歷產生共鳴。
- 讓對方覺得自己很重要 —— 並且真誠地這樣做。肯定他人的貢獻，並感激他們的努力。
- 避免爭辯是獲得最佳結果的唯一辦法。專注於找到共同點和能達成協議的領域，而不是爭辯或批評他人。
- 尊重對方的意見。永遠不要說「你錯了」或直接否定他人的想法。
- 如果你錯了，迅速且明確地承認錯誤。承擔責任，並努力找到解決辦法彌補錯誤。
- 以友好的方式開始。與他人會面或交談時，營造積極且友好的氛圍。
- 設計能讓對方立刻說「是的，是的」的內容。透過能引起對方認同的問題或看法，營造積極正向的對話基調。
- 讓對方多說話。提出開放性問題、請對方進一步澄清，並認真傾聽對方的想法和觀點。
- 讓對方覺得這個主意是他們想到的。鼓勵對方提出自己的意見和觀點，並積極肯定他們的貢獻。
- 真誠地試著從對方的角度看問題。展現同理心，理解他人的觀點與經歷。

- 對他人的想法和願望表示尊重。理解對方的動機與興趣，努力尋找彼此的共同點與意見一致的領域。
- 訴諸更高尚的動機。訴諸對方的道德感或崇高的理想，進而建立信任和融洽關係。
- 戲劇化（生動地）表達你的想法。透過講故事或生動的語言，吸引對方的注意力，創造讓對方難忘的訊息。
- 提出挑戰。鼓勵他人採取行動，做出積極改變，並提供支持與指導，幫助對方成功實現目標。

對某些人來說，這些卡內基原則有明顯的時代特徵，以西方個人主義的視角為主，所以可能不適用於其他文化或社會背景。此外，這些原則過於強調積極面與避免衝突，所以在必須揭露不公不義或不道德行為的情境下，卡內基原則可能被認為不切實際，甚至適得其反。然而，社會、商業與科技經歷近一個世紀的巨變後，這些原則因為簡潔扼要、看重人際關係，而讓人覺得仍具有現代性，並未過時。

怎麼應用

卡內基教你贏得友誼並影響他人的原則中，優先考慮同理心、誠心留意和積極的溝通，幫助你建立強韌、持久的關係，也協助你理解他人的觀點，一起追求共榮共好。

將重心放在理解、欣賞、誠心的連結，可以幫助我們發揮積極的影響力，帶動鼓舞其他人，並激發創新、合作和共好。卡內基原則提供多種想法與技巧，幫助我們深化人脈網絡、建立影響力和關係。

真心留意與你互動的人。提問、積極認真傾聽，努力理解他們的觀點和需求。

在互動中**保持積極**。尋找機會讚美和肯定他人，避免不必要的批評或負面情緒。

找到共同點 —— 與他人的共同興趣或經歷。這有助於建立融洽的關係，創造交集，建立共同的經歷與回憶。

稱呼對方的名字。對一個人而言，最強大的字詞之一就是名字。稱呼對方的名字，並記住他們的名字以利未來互動，也顯示你看重和尊重對方。

做個好聽眾。積極並認真傾聽他人說話。以示你留意他們在說什麼，積極提問，顯示你理解和重視他們的觀點。

有同理心。盡量設身處地為他人著想，理解他們的感受和需求。在互動中展現同理心和關心，認可他們的情緒和經歷。

清楚溝通訊息。確保溝通清楚簡潔，避免模稜兩可或含糊不清，遣詞用字易於理解。

互動後**保持聯絡**。不論是透過電話、電子郵件、社群媒體或面對面會晤。以示你重視並尊重對方的時間和努力，這有助於長期維持關係。

你可以想一想

- 回想你看過或體驗過誰在什麼情境下應用了卡內基原則。效果如何？
- 當你自己與人溝通和建立關係時，卡內基的哪條原則可能對你最有幫助？優勢為何？哪些原則你可以做得更好 —— 你如何做到此點？
- 當你想要影響他人，如何在溝通時仍能保持真誠、不做作？
- 如何調整卡內基原則，適應不同的社會和文化背景？
- 思考同理心在有效溝通和建立關係的角色。這與卡內基的原則有何關聯？

你可以讀這部經典

Carnegie, D.（2018）。人性的弱點：卡內基教你贏得友誼並影響他人（季子譯）。晨星。（原著出版於1936年）

49 麥斯特的信任方程式
Maister's Trust Equation

建立值得信任的關係和夥伴關係。

綜覽「麥斯特的信任方程式」

根據美國作家瑞秋．波茲曼（Rachel Botsman）的說法，若金錢是交易的貨幣，信任就是互動的貨幣。這說法如果成立，組織及員工顯然需要具備這兩者才能成功。信任在工作領域很重要，因為它是支撐牢固、有效關係的基礎。信任關係存在於不同群組，包括老闆與員工之間、同事之間，乃至與外部利益相關者之間。信任也可能是難以掌握的概念。你不能簡單地要求別人信任你；你必須刻意與用心地與他們建立信任 —— 而且信任關係破壞容易，建立難。信任方程式是商業顧問暨作家大衛．麥斯特（David Maister）提出的框架，用於理解和幫助你與職場人士建立信任關係。這個概念最早出現在他與查爾斯．格林（Charles Green）和羅伯特．加爾福德（Robert Galford）共同撰寫的《值得信任的顧問》（*The Trusted Advisor*，暫譯）一書，出版時間是二〇〇〇年。

信任方程式包括四要素：信譽（credibility）、可靠性（reliability）、親近感（intimacy）和自我傾向（self-orientation）。理解和應用信任方程式有助於與客戶、同事和其他利益相關者建立信任關係。

透過展現信譽、可靠性和親近感，同時盡量減少自我傾向（留意自己和自身利益），有利個人和組織培養與他人的信任關係、促進忠誠、建立長期與互利的夥伴關係。建立信任是持續的過程，需要不斷努力和真誠地保持互動。

隨著全球面臨諸多挑戰 —— 包括永續發展、複雜的供應鏈和經濟壓力等，信任已成為交易和關係中的關鍵因素。毫不意外，建立信任依然是組織和個人留心的重點。

麥斯特信任方程式的關鍵概念

麥斯特信任方程式的核心概念是：信任建立在信譽、可靠性和親近感上，而自我傾向會降低信任。優先考慮他人的利益，並展現專業知識、言行一致性和真誠關懷，有利個體和組織培養強韌、值得信賴的關係。組合信任方程式的元素，顯示信任的程度：

$$\text{信任} = \frac{\text{信譽} + \text{可靠性} + \text{親近感}}{\text{自我傾向}}$$

信任方程式的四大要素：

一、**信譽**。這是對專業知識、能力和可靠性的看法。它指的是透過展現自己的專業知識、技能和過去有效履行承諾的記錄，證明自己值得信賴。當你具備信譽，別人會相信你有能力完成任務，並且信任你會有效履行承諾。

二、**可靠性**。指的是一致性和可依賴性。它代表履行承諾、按時完成任務，並對自己的行為負責。當你成為可靠的人，別人相信你會持續兌現承諾，讓他們對合作關係感到安心和自信。

三、**親近感**。此處的親近感並非指私人關係，而是指能夠對他人的需求和利益，展現同理心與關心。建立信任需要先與人建立連結才能實現，包括：積極傾聽、真誠關心他人福祉、理解他人和組織面臨的挑戰，並回應他們的擔憂。

四、**自我傾向**。指的是個人或組織究竟多大程度留意自身利益，而非考慮對方的需求與利益。當他人察覺你主要留意自己的利益與議程時，信任感就會降低。要降低自我傾向，需要真誠留意他人的需求，並將對方的利益擺在首位。

當信譽、可靠性和親近感這三個要素的總和超過自我傾向時，彼此能建立並維繫信任關係。

事實證明，信任方程式是我們加強關係、培養忠誠度，以及成為客戶和同事值得信賴顧問的寶貴工具。

它也提醒我們，建立信任是持續的過程，需要真誠的互動和秉持以人為本的做法，才能建立長期互利的夥伴關係。

怎麼應用

信任方程式可以在組織、部門和個人等層面使用，尤其是需要靠信任建立有效而穩固的的關係時，例如與同事、供應商、客戶、監管機構或更廣泛的社群建立關係。以下是提升個人信任度的要點：

努力建立信譽

指的是在特定領域，提升你的專業知識、技能和知識，例如，可透過成人在職教育、掌握產業最新趨勢、展示過往成功的佳績和個案研究。信譽能讓他人相信你的能力，贏得他人對你專業知識的信任。

展現可靠並信守承諾

信任的基礎是言行一致、可靠、信守承諾。務必準時完成任務、提高工作品質、履行協議。展現穩定的可靠性，能讓他人對你的承諾產生安全感與信心。

展現同理心與理解

與他人建立公事以外的關係。務必積極傾聽、真誠關心他們的需求與顧慮，有助於你和他們建立親近關係。細心留意他人的疑慮、挑戰與目標，理解他們特殊的處境，並以同理心回應。

降低自我傾向

避免過度留意自身利益，應優先考慮他人的需求與目標。設身處地為他人著想，能減少自我傾向，增強信任。

坦誠溝通，保持透明

在流程、費用與潛在風險方面保持透明。坦蕩蕩的溝通能營造誠信與正直的形象，這兩點正是建立與維繫信任的關鍵。

及早承認錯誤，展現負責態度

沒有人是完美的，犯錯在所難免。關鍵在於勇於承擔責任，該道歉時得道歉，並修正錯誤。主動認錯並展現負責態度，有助於提升信任，因為這顯示你重視這段關係並願意修正彌補。

保持一致性

信任並非一蹴而就，而是長期累積的結果。建立與深化信任需要長期不斷耕耘，包括用心維護關係、履行承諾，還得持續展現可靠性、信譽與親近感。信任需要長時間努力，卻可能在一瞬間崩毀。

深思並力行麥斯特信任方程式裡的要素，有助於建立持久的夥伴關係，並樹立正直誠信的口碑。信任是成功關係的基石；積極留意信任方程式的要素可以幫助我們建立更牢固、以信任為基礎的關係。

你可以想一想

- 你能想到哪些例子，說明自我傾向如何導致他人降低對組織或個人的信任？
- 你可以採取哪些持續的做法，維持別人對你的信任？
- 你如何在關係中讓人覺得你公開透明、值得信任？
- 當自我傾向行為可能阻礙信任關係的建立時，你如何調整？
- 你需要做什麼才能深化理解、連結與融洽的關係？

你可以讀這部經典

Maister, D. H., Green, C. H., & Galford, R. M. (2021). *The trusted advisor*. Free Press.
（目前無繁體中文譯本）

50 雙贏談判 Win-Win Negotiation

重新思考最佳的談判方式。

綜覽雙贏談判

在工作領域，每個人都需要進行談判，大多數職場難免出現需要解決的衝突。羅傑・費雪（Roger Fisher）和威廉・尤瑞（William Ury）在一九八一年出版的暢銷書《哈佛這樣教談判力：增強優勢，談出利多人和的好結果》（*Getting to Yes: Negotiating Agreement Without Giving In*），提出原則性談判（principled negotiation），為談判提供開創性的做法：達成讓雙方互利的協議，同時不會讓談判變成對立或衝突。這種方式旨在為所有參與談判的各方創造雙贏結果。此外，原則性談判強調，過程中談判各方應互相尊重，這樣也有助雙方建立長久信任關係。因此，原則性談判不僅看重結果，談判的方式也同樣重要。

《哈佛這樣教談判力》對談判領域產生深遠的影響，其核心原則被廣泛應用於談判培訓與實務，該書因此成為提升談判能力的經典指南。它影響了幾乎各種工作情境的談判，從高端法律訴訟、大型合約簽訂、薪資談判、甚至是辦公室空調溫度這種芝麻蒜皮的小事，都能運用這個談判方式順利達成共識。

雙贏談判的關鍵概念

原則性談判的目標是透過留意共同利益而非對立立場，幫助人們解決衝突與達成協議。其核心概念如下。

留意利益，而非立場

與其堅持特定的要求或既定的立場，談判者應該深入探索並理解各方潛在的利益。這種焦點轉移有助於找到彼此的共同點，為找到創新的解決方案製造機會，同時也顯示談判的目的是實現互惠互利，這樣雙贏的結果往往更可貴也更持久。

了解最佳替代方案

談判要成功，關鍵在於了解所有參與方的最佳替代方案（Best Alternative to a Negotiated Agreement, BATNA），即談判協議之外的最佳替代方案。了解談不成協議時各方的替代方案，能增加你談判時的籌碼、清楚自己的底線與信心。

清楚切割人與問題

專注於解決問題，而非針對個人，便能在談判時保持建設性與專業性的討論。因此，在談判過程中，避免帶入個人情緒至關重要。

探索互惠互利的選項

為了滿足各方利益，談判各方應該集思廣益，廣泛探索各種可行的選項。增加可選擇的選項，能大幅提高達成雙贏結果的機會，找到對各方都有利的協議。

創造雙贏解決方案

雙贏指的是讓各方都覺得受益與滿意的結果，這截然不同於你輸我贏的結果，後者意味著將一方的成功建立在另一方的損失上。

堅持使用客觀標準

應避免依賴個人主觀意見或憑個人喜好的武斷標準，例如避免以「我認為」(如：「我認為這行不通 —— 我的同事可能不會喜歡。」) 或「我們會」(如：「我們會想要更簡單的方案。」) 開頭的陳述。實際上，應根據客觀標準，評估潛在解決方案的可行性，這樣有助於各方根據廣泛接受的標準，達成公平理性的協議。

合作式談判

應將談判視為共同解決問題的過程，而非一場零和遊戲（即一方的獲益必然導致另一方的損失）。這種想法能鼓勵各方以合作的方式進行談判，也更有機會找到對各方都有利的雙贏解決方案。

怎麼應用

原則性談判可應用在各種情境與實務，達成更理想的談判結果。以下是相關例子：

留意利益，而非立場

在下一次談判中，與其堅持某個條款，不如討論更根本的核心利益。嘗試了解對方為何重視某些條款，並透過有創意的方式滿足這些需求，而不是死守最初的立場。

一個典型的例子是與客戶談判價格時，可以試圖滿足所有參與方的核心需求。例如，供應商需要獲利，也希望能為未來類似情況建立慣例；而買方則需要可負擔的解決方案，或是還有其他需求，例如可能希望事後能向同事宣稱自己爭取到了最優惠的折扣。

了解最佳替代方案

進行薪資談判前，評估最佳替代方案。例如，若未能談成你想要的加薪幅度時，可能是其他的工作機會，或是你可能會接受的其他選項。了解這些替代方案會讓你在談判時更有信心，幫你做出更明智的決定。

清楚切割人與問題

如果你在進行商業談判時遇到阻力，應專心討論造成歧異的具體原因，避免意氣用事，指責或批評與會者。開誠布公討論問題，保持積極和合作的態度。當某人或多人對未來的最佳方案有不同意見時，這種方式非常有效。聚焦在問題上，而非人身上。

探索互惠互利的選項

團隊裡成員間可能有不同的意見，應鼓勵大家集思廣益。創造合作型的環境，鼓勵成員貢獻各種不同的解決方案，激發創意並找到能讓每個人都受益的選項。讓所有成員參與討論，這本身就能嘉惠大家。

創造雙贏解決方案

如果你是團隊的一分子，探索能讓組織受益又可嘉惠團隊每個成員的解決方案。根據成員的優勢和興趣分配任務，創造積極的工作環境，讓每個人都覺得自己的貢獻受到重視。

堅持使用客觀標準

如果你正在進行和解談判，應根據客觀標準，諸如司法先例或該產業普遍接受的基準指標。使用具體數據有助於雙方理解和解方案背後的邏輯，讓協議更有憑有據。

合作式談判

建立積極的關係有助於成功達成長期協議。例如，談判收購企業時，最好強調共同利益，並合作制定解決方案，消除雙方的疑慮。謹記：應用雙贏談判的技巧時，必須根據具體的談判情境，靈活調整原則。靈活變通、積極聆聽和努力尋找共同點，是成功達成雙贏談判的關鍵要素。無論是工作領域還是其他場合，這些原則都為達成互利與雙贏結果提供框架。

你可以想一想

- 了解原則性談判後，對你的談判策略有何影響或改變？
- 你能重新調整哪些衝突情境的框架，視為互利的機會？這會如何改變你對衝突的看法？
- 在日常生活中，運用原則性談判會面臨哪些挑戰？
- 過去哪些談判，如果應用了原則性談判技巧，結果會更好？

你可以讀這部經典

Fisher, R., Ury, W.（2013）。哈佛這樣教談判力：增強優勢，談出利多人和的好結果（劉慧玉譯）。遠流。（原著出版於2008年）

謝詞

寫書絕非一個人能完成，何況是兩位作者共同執筆的作品。本書的誕生，得感謝提出這些原創思想的作者——他們前瞻性的觀點、創新概念、思考力、合作精神和卓越才華，成就了這一切。

我們要向這些作者、創新者、各領域的專家、實踐創新的學者表達最深的感謝與敬意。感謝你們提出這些劃時代的概念與思潮，塑造或改寫了現代職場的面貌。本書收錄的五十個想法只是開端，僅是漫長清單的前五十個。本書能順利完成，離不開眾多人的貢獻、支持與啟發。我們對促成這一切的人心懷感激，由衷感謝他們的無私與慷慨。

我們也衷心感謝家人與親人，感謝他們在整個寫作過程中始終不懈地鼓勵我們，展現無比的耐心與理解。不論在黑暗的逆境或光明的順境，對我們而言，你們的愛、耐心、鼓勵無比珍貴，遠超出你們想像。

感謝朋友與同事：你們的見解、觀點與反饋讓本書更充實完整。沒有Profile Books的Clare Grist Taylor堅持不懈的鼓勵、反饋、支持、專業知識、奉獻與熱情，本書不可能完成。也許應該將她並列為第三作者。其專業態度及對卓越的堅持，是想法能從理論順利轉化為現實的關鍵因素。

最後同樣重要的是，我們要向本書的讀者表達最誠摯的謝意。本書是為你們、你們的同事、朋友而寫。大家的求知欲、熱情與對終身學習的承諾，是推動職場領域不斷前進的力量。我們衷心希望，本書的想法能夠支持、啟發並刺激你們深度思考自己的工作與工作方式，進而與他人進行有意義的對話或討論。

我們由衷感謝每一位讓本書得以出版問世的人，不論其貢獻大小。

參考書目、延伸閱讀與資源

緒論

Frederick Winslow Taylor, *The Principles of Scientific Management* (Martino Fine Books, 2014 reprint of 2011 edition)

第1部 人的心理與績效表現

Richard Bandler and John Grinder, *Reframing: Neuro-Linguistic Programming and the Transformation of Meaning* (Real People Press, 1983)

Patricia Bossons, Jeremy Kourdi and Denis Sartain, *Coaching Essentials: Practical, Proven Techniques for World-Class Executive Coaching* (Bloomsbury, 2012)

Isabel Briggs Myers and Peter Myers, *Gifts Differing:Understanding Personality Type* (Davies-Black, 1995)

Timothy R. Clark, *The 4 Stages of Psychological Safety: Defining the Path to Inclusion and Innovation* (Berrett-Koehler, 2020)

Mihaly Csikszentmihalyi, *Flow: The Psychology of Optimal Experience* (Harper & Row, 1990)

Mihaly Csikszentmihalyi, *Flow: The Psychology of Happiness* (Rider, 2002)

Carol Dweck, *Mindset: The New Psychology of Success* (Random House, 2006)

Carol Dweck, *Mindset: How You Can Fulfil Your Potential* (Robinson, 2012)

Carol Dweck, "Developing a growth mindset", YouTube Amy C. Edmondson, *The Fearless Organization: Creating Psychological Safety in the Workplace for Learning, Innovation and Growth* (Wiley, 2018)

Daniel Goleman, *Emotional Intelligence: Why It Can Matter More Than IQ* (Bantam, 1995; Bloomsbury, 2020)

Daniel Goleman, *Working with Emotional Intelligence* (Bloomsbury, 1999)

Daniel Goleman, *Social Intelligence: The New Science of Human Relationships* (Arrow, 2007)

Daniel Goleman, Robert Steven Kaplan, Susan David and Tasha Eurich, *Self-Awareness*, HBR Emotional Intelligence Series (Harvard Business Review Press, 2018)

Adam Grant, *Think Again: The Power of Knowing What You Don't Know* (WH Allen, 2023)

C.G. Jung, *Psychologische Typen* (Rascher Verlag, 1921), published in English as *Psychological Types*, Volume 6 in *The Collected Works of C.G. Jung* (Routledge Classics, 2016)

William A. Kahn, "Psychological conditions of personal engagement and disengagement at work", *Academy of Management Journal*, 33(4) (1990)

Daniel Kahneman, *Thinking, Fast and Slow* (Farrar, Straus and Giroux, 2011; Penguin, 2012)

Daniel Kahneman, Olivier Sibony and Cass R, Sunstein, *Noise: A Flaw in Human Judgment* (William Collins, 2021)

Jeremy Kourdi, *Coaching Questions for Every Situation: A Leader's Guide to Asking Powerful Questions for Breakthrough Results* (Nicholas Brealey, 2021)

J. Luft and H. Ingham, "The Johari window: a graphic model of interpersonal awareness", *Proceedings*

of the Western Training Laboratory in Group Development, Los Angeles, University of California (1955)
Myers Briggs Company: www.themyersbriggs.com
John Whitmore, *Coaching for Performance: The Principles and Practice of Coaching and Leadership* (Nicholas Brealey, 1992;2024)

第2部 未來思維：機遇、挑戰與變革

Mehrdad Baghai, Stephen Coley and David White, *The Alchemy of Growth: Practical Insights for Building the Enduring Enterprise* (Basic Books, 2000)
Warren Bennis and Burt Nanus, *Leaders: Strategies for Taking Charge* (HarperCollins, 1985)
James Clear, *Atomic Habits: An Easy & Proven Way to Build Good Habits & Break Bad Ones* (Random House Business, 2018)
Stephen R. Covey, *The 7 Habits of Highly Effective People* (Free Press, 1989; Simon & Schuster, 2020)
Stephen R. Covey, *The 8th Habit: From Effectiveness to Greatness* (Free Press, 2004)
R.B. Duncan, "The ambidextrous organization: designing dual structures for innovation", *Management of Organization*, 1 (1976)
Spencer Johnson, *Who Moved My Cheese? An Amazing Way to Deal with Change in Your Work and in Your Life* (Vermilion, 1999)
John Kotter, *Leading Change* (Harvard Business School Press, 1996; 2012)
John Kotter and Holger Rathgeber, *Our Iceberg is Melting: Changing and Succeeding Under Any Conditions* (Macmillan, 2017)
Charles A O'Reilly and Michael L Tushman, "The ambidextrous organization", *Harvard Business Review*, 82(4) (2004)
Charles A O'Reilly and Michael L Tushman, *Lead and Disrupt:How to Solve the Innovator's Dilemma* (Stanford Business Books, 2021)
Gill Ringland, *Scenario Planning: Managing for the Future* (Wiley, 2007)
Peter Schwartz, *Art of the Long View: Planning for the Future in an Uncertain World* (Wiley, 1997)
Nassim Nicholas Taleb, *The Black Swan: The Impact of the Highly Improbable* (Random House, 2007; Penguin, 2010)
Brian Tracy, *Eat That Frog! Get More of the Important Things Done Today* (Yellow Kite, 2013)
Kees van der Heijden, *Scenarios: The Art of Strategic Conversation* (Wiley, 2004)
Michele Wucker, *The Gray Rhino: How to Recognize and Act on the Obvious Dangers We Ignore* (St Martin's Press, 2016)

第3部 塑造組織的力量：策略與營運

Balanced Scorecard Institute: www.balancedscorecard.org
Dan Ciampa, *Total Quality: A User's Guide for Implementation* (Addison-Wesley, 1992)
W. Edwards Deming, *The Essential Deming: Leadership Principles from the Father of Quality* (McGraw-Hill, 2013)
Robert Greene, *The 48 Laws of Power* (Profile Books, 2000)
Rita Gunther McGrath, *The End of Competitive Advantage: How to Keep Your Strategy Moving as*

Fast as Your Business (Harvard Business Review Press, 2013)
Charles Handy, *The Age of Unreason: New Thinking for a New World* (Random House, 2002)
Charles Handy, *Understanding Organizations* (Penguin, 1993)
Robert S. Kaplan and David P. Norton, *The Balanced Scorecard: Measures That Drive Performance* (Harvard Business Review Press, 1996)
W. Chan Kim and Renée Mauborgne, "Blue ocean strategy", *Harvard Business Review*, 82(10) (2004)
W. Chan Kim and Renée Mauborgne, *Blue Ocean Strategy: How to Create Uncontested Market Space and Make the Competition Irrelevant* (Harvard Business Review Press, 2015)
W. Chan Kim and Renée Mauborgne, *Blue Ocean Shift: Beyond Competing: Proven Steps to Inspire Confidence and Seize New Growth* (Pan, 2022)
W. Chan Kim and Renée Mauborgne, *Beyond Disruption: Innovate and Achieve Growth without Displacing Industries, Companies, or Jobs* (Harvard Business Review Press, 2023)
A.G. Lafley and Roger L. Martin, *Playing to Win: How Strategy Really Works* (Harvard Business Review Press, 2013)
Donella H. Meadows, *Thinking in Systems* (Diana Wright, ed.) (Chelsea Green Publishing, 2017)
Alexander Osterwalder and Yves Pigneur, *Business Model Generation: A Handbook for Visionaries, Game Changers and Challengers* (Wiley, 2010)
M.E. Porter, "How competitive forces shape strategy", *Harvard Business Review*, 57(2) (1979)
Michael E. Porter, *Competitive Strategy: Techniques for Analyzing Industries and Competitors* (Free Press, 2004)
Richard Rumelt, *Good Strategy/Bad Strategy: The Difference and Why It Matters* (Profile Books, 2017)
Peter Thiel with Blake Masters, *Zero to One: Notes on Start Ups, or How to Build the Future* (Virgin Books, 2015)
Sun Tzu, *The Art of War* (Tribeca Press, 2010)
Mind Tools, "How to use SWOT analysis", video

第4部 追求成長：創新、產品、顧客與市場

Josh Anon and Carlos Gonzalez de Villaumbrosia, *The Product Book: How to Become a Great Product Manager* (Product School, 2018)
Clayton M. Christensen, *The Innovator's Dilemma: When New Technologies Cause Great Firms to Fail* (Harvard Business School Press, 1997; Harvard Business Review Press, 2024)
Clayton M. Christensen, Taddy Hall, Karen Dillon and David S. Duncan, *Competing Against Luck: The Story of Innovation and Customer Choice* (Harper Business, 2016)
Malcolm Gladwell, *The Tipping Point: How Little Things Can Make a Big Difference* (Little Brown, 2000; Abacus, 2002)
Bruce Henderson, "The product portfolio", BCG Publications, January 1st 1970, www.bcg.com
Tom Kelley, *The Art of Innovation: Lessons in Creativity from IDEO, America's Leading Design Firm* (Profile Books, 2016)
Larry Keeley, Helen Walters, Ryan Pikkel and Brian Quinn, *Ten Types of Innovation: The Discipline of Building Breakthroughs* (Wiley, 2013)
Philip Kotler, *Marketing Management: Analysis, Planning, Implementation and Control* (Prentice-Hall,

1967)

Philip Kotler, Kevin Lane Keller, Mairead Brady, Malcolm Goodman and Torben Hansen, *Marketing Management* (Pearson, 2019)

Philip Kotler, Gary Armstrong and Sridhar Balasubramanian, *Principles of Marketing* (Pearson, 2023)

Martin Newman, *The Power of Customer Experience: How to Use Customer-centricity to Drive Sales and Profitability* (Kogan Page, 2021)

Martin Reeves, Sandy Moose and Thijs Venema, "BCG classics revisited: the growth share matrix", BCG Publications, June 14th 2014, www.bcg.com

Fred Reichheld, *The Ultimate Question: Driving Good Profits and True Growth* (Harvard Business Review Press, 2006)

Fred Reichheld, *Winning on Purpose: The Unbeatable Strategy of Loving Customers* (Harvard Business Review Press, 2021)

第5部 為何人們願意追隨你？領導力與團隊合作

James Ashton, *The Nine Types of Leader: How the Leaders of Tomorrow Can Learn from the Leaders of Today* (Kogan Page, 2021)

Belbin resources: www.Belbin.com

R. Meredith Belbin, *Management Teams: Why They Succeed or Fail* (Routledge, 2010)

R. Meredith Belbin and Victoria Brown, *Team Roles at Work* (Routledge, 2022)

Center for Leadership Studies, situational.com

Ram Charan, Stephen Drotter and James Noel, *The Leadership Pipeline: Developing Leaders in the Digital Age* (Jossey-Bass, 2001; with Kent Jonasen, Wiley, 2024)

Caroline Criado Perez, *Invisible Women: Exposing Data Bias in a World Designed for Men* (Vintage, 2020)

J. Richard Hackman, *Leading Teams: Setting the Stage for Great Performances* (Harvard Business Review Press, 2002)

P. Hersey and K.H. Blanchard, "Life cycle theory of leadership", *Training & Development Journal*, 23(5) (1969)

Patrick M. Lencioni, *The Five Dysfunctions of a Team: A Leadership Fable* (Wiley, 2002)

Kurt Lewin, "Experiments in social space", *Harvard Educational Review*, 9 (1939)

Edwin A. Locke, "Toward a theory of task motivation and incentives", *Organizational Behavior and Human Performance*, 3(2) (1968)

Abraham H. Maslow, "A theory of human motivation", *Psychological Review*, 50(4) (1943)

Abraham H. Maslow, *Toward a Psychology of Being* (General Press, 2022)

Daniel H. Pink, Drive: *The Surprising Truth About What Motivates Us* (Riverhead, 2009; Canongate Books, 2011)

Sheryl Sandberg, *Lean In: Women, Work, and the Will to Lead* (WH Allen, 2015)

Edgar H. Schein, *Organisational Culture and Leadership* (Jossey-Bass, 1985; Wiley, 2016)

Simon Sinek, *Leaders Eat Last: Why Some Teams Pull Together and Others Don't* (Penguin, 2017)

Simon Sinek, *Start with Why: How Great Leaders Inspire Everyone to Take Action* (Penguin, 2011)

Brian Tracy, *Goals! How To Get Everything You Want – Faster Than You Ever Thought Possible* (Berrett-Koehler, 2010)

Bruce Tuckman, "Developmental sequence in small groups", *Psychological Bulletin*, 63(6) (1965)
Richard Whittington, Duncan Angwin, Patrick Regnér, Gerry Johnson and Kevan Scholes, *Fundamentals of Strategy* (Pearson, 2023)
Lucy Widdowson and Paul J Barbour, *Building Top-Performing Teams: A Practical Guide to Team Coaching to Improve Collaboration and Drive Organizational Success* (Kogan Page, 2021)

第6部 建立社群與連結：關係與影響力

Rachel Botsman, *Who Can You Trust? How Technology Brought Us Together – and Why It Could Drive Us Apart* (Penguin, 2018)
Brené Brown, *Dare to Lead: Brave Work. Tough Conversations. Whole Hearts* (Vermilion, 2018)
Dale Carnegie, *How to Win Friends & Influence People* (Simon & Schuster, 1936; Westland Books, 2023)
Margaret Cheng, *Giving Good Feedback* (Profile Books, 2023)
Robert B. Cialdini, *Influence: The Psychology of Persuasion* (William Morrow, 1984; Harper Business, 2021)
Robert B. Cialdini, *Pre-Suasion: A Revolutionary Way to Influence and Persuade* (Simon & Schuster, 2016)
David L. Cooperrider and Suresh Srivastva, "Appreciative inquiry in organizational life", *Research in Organizational Change and Development* 1(1) (1987)
David L. Cooperrider and Diana Whitney, *Appreciative Inquiry: A Positive Revolution in Change* (Berrett-Koehler, 2005)
David L. Cooperrider, Diana Whitney and Jacqueline M. Stavros, *Appreciative Inquiry Handbook: For Leaders of Change* (Berrett-Koehler, 2008)
Stephen M.R. Covey and Rebecca R. Merrill, *The Speed of Trust: The One Thing That Changes Everything* (Free Press, 2008)
Roger Fisher and William Ury, *Getting to Yes: Negotiating Agreement Without Giving In* (Houghton Mifflin, 1981; Penguin, 2011)
Therese Huston, *Let's Talk: Make Effective Feedback Your Superpower* (Penguin, 2022)
Kilmann Diagnostics: kilmanndiagnostics.com
Ralph H. Kilmann, *Mastering the Thomas–Kilmann Conflict Mode Instrument* (Kilmann Diagnostics, 2023)
Paul McGee, *How to Speak So People Really Listen: The Straight-Talking Guide to Communicating with Influence and Impact* (Capstone, 2016)
David H. Maister, Charles H. Green and Robert M. Galford, *The Trusted Advisor* (Free Press, 2000; 2021)
Steve Martin, *Influence at Work* (Profile Books, 2024)
Kim Scott, *Radical Candor: How to Get What You Want by Saying What You Mean* (Pan, 2019)
Douglas Stone and Sheila Heen, *Thanks for the Feedback: The Science and Art of Receiving Feedback Well* (Penguin, 2015)
William Ury, *Getting Past No: Negotiating in Difficult Situations* (Bantam, 1993)

索引

【七畫】

【十畫】

【十一畫】

MBA 必讀 50 本管理經典：一本書速學最關鍵・最精要・最高效管理思維與應用

作者	傑瑞米・寇迪、喬納森・貝瑟
譯者	鐘玉玨
商周集團執行長	郭奕伶
商業周刊出版部	
總監	林雲
責任編輯	林亞萱
封面設計	李東記
內頁排版	邱介惠
出版發行	城邦文化事業股份有限公司 商業周刊
地址	115 台北市南港區昆陽街 16 號 6 樓 電話：(02)2505-6789　傳真：(02)2503-6399
讀者服務專線	(02)2510-8888
商周集團網站服務信箱	mailbox@bwnet.com.tw
劃撥帳號	50003033
戶名	英屬蓋曼群島商家庭傳媒股份有限公司城邦分公司
網站	www.businessweekly.com.tw
香港發行所	城邦（香港）出版集團有限公司 香港九龍九龍城土瓜灣道 86 號順聯工業大廈 6 樓 A 室 電話：(852) 2508-6231　傳真：(852) 2578-9337 E-mail：hkcite@biznetvigator.com
製版印刷	中原造像股份有限公司
總經銷	聯合發行股份有限公司 電話：(02) 2917-8022
初版 1 刷	2025 年 5 月
初版 2 刷	2025 年 8 月
定價	420 元
ISBN	978-626-7678-29-9（平裝）
EISBN	9786267678275（EPUB）／ 9786267678282（PDF）

國家圖書館出版品預行編目(CIP)資料

MBA必讀50本管理經典：一本書速學最關鍵・最精要・最高效管理思維與應用／傑瑞米・寇迪（Jeremy Kourdi），喬納森・貝瑟（Jonathan Besser）著；鐘玉玨譯. -- 初版. -- 臺北市：城邦文化事業股份有限公司商業周刊, 2025.05
288面；17 × 22公分
譯自：50 ideas that changed the world of work
ISBN 978-626-7678-29-9（平裝）
1.CST: 管理科學　2.CST: 商業管理　3.CST: 創造性思考

494　　114004141